海相"新型杂卤石钾盐矿"勘查理论技术与应用

总指导：郑绵平

张永生　邢恩袁　桂宝玲 等　著

科学出版社

北京

内 容 简 介

"新型杂卤石钾盐矿"发现于四川省宣汉县,其组构特征表现为大量物理破碎的杂卤石碎屑颗粒分布于石盐基质中,是一种全新的硫酸盐+氯化物复合型海相可溶性固体钾盐矿床类型,属全球首例。通过对其沉积地质、岩石矿物、地球物理、地球化学等特征的深入研究,结合区域构造背景综合分析,提出了"双控复合成矿"理论新认识,构建了钾盐矿层综合测井定量识别新技术,创新理论指导部署验证钻探,取得了海相钾盐找矿突破。结合"气钾兼探",进行资源量评估,落实发现我国首个亿吨级海相可溶性固体钾盐矿。对接井溶采中试结果表明,该"新型杂卤石钾盐矿"便于进行规模化水溶法开采,是可以利用的"活矿",达州宣汉有望建成我国首个海相钾肥综合资源基地。

本书适合盐湖与盐类矿产领域的科研人员、从事深部钾盐勘查开采的工程技术人员、从事盐类资源开发规划及地质调查管理的工作者,以及高校地质专业师生阅读和参考。

审图号:GS 京(2025)0544 号

图书在版编目(CIP)数据

海相"新型杂卤石钾盐矿"勘查理论技术与应用 /张永生等著. -- 北京:科学出版社,2025.4. -- ISBN 978-7-03-081964-2

Ⅰ.P619.21

中国国家版本馆 CIP 数据核字第 20252V70K4 号

责任编辑:王 运 / 责任校对:何艳萍
责任印制:肖 兴 / 封面设计:无极书装

科学出版社 出版
北京东黄城根北街 16 号
邮政编码:100717
http://www.sciencep.com
北京建宏印刷有限公司印刷
科学出版社发行 各地新华书店经销

*

2025 年 4 月第 一 版　开本:787×1092　1/16
2025 年 4 月第一次印刷　印张:10 1/4
字数:243 000

定价:138.00 元
(如有印装质量问题,我社负责调换)

本书作者名单

张永生　邢恩袁　桂宝玲　苏克露　左璠璠

仲佳爱　牛新生　苏　奎　商雯君　王宁军

慎国强　彭　渊　纪德宝　张　兵　唐　兵

盛德波　刘　铸　王建波　葛　星

序

  我国是一个钾盐资源严重短缺的人口大国，作为"粮食"矿产的钾盐直接关乎粮食安全和国计民生。目前，国内已探明的现代盐湖卤水钾盐资源储量（K$_2$O）约 1.8×10^8 t，目前仅依靠柴达木和罗布泊两处陆相盐湖区维持约50%的供给量，寻找新的钾盐接续基地迫在眉睫；近年来复杂国际局势直接影响到我国钾盐进口的稳定性，因此加大国内找钾力度被摆到了更显著的位置。多年来的研究调查告诉我们，要从根本上解决我国缺钾的问题，还须从海相盆地中找答案。然而，我国海相钾盐50余年攻关，未获重大突破。缘于我国海相盆地是在"活动性小陆块"基底背景下发展起来的，与国外已知大型、超大型古陆表海盆钾盐矿床不同，如加拿大泥盆纪萨斯喀彻温钾盐矿床、俄罗斯寒武纪涅帕钾盐矿床等，其主要钾盐矿物为钾石盐和光卤石，中国中-新生代海相蒸发岩沉积主要在三叠纪、侏罗纪、白垩纪、古近纪和新近纪，具有成盐多期性、时代差异性、成分多样性、液态矿多的"三性一多"特征。因此，国外经典海相钾盐矿床实例无法照搬参考，只有根据我国实际地质条件探寻中国特色的海相钾盐矿床，才能切实解决我们缺钾的问题。

  四川盆地三叠纪沉积了巨厚的海相蒸发岩地层，是我国海相找钾的重要地区之一。尽管前人经过不懈努力，发现在四川盆地三叠纪古陆表海盆沉积了大规模杂卤石，其远景资源量（K$_2$O）在百亿吨以上，但主体是与白云石和硬石膏共伴生或互层、难溶于水的杂卤石，且绝大部分埋深>2000 m，不能旱采，也难于水溶开采，现阶段尚难以开发利用。这并没有挫败我们在四川找钾的信心，经过长期的坚持和付出，在财政部的大力支持下，自然资源部党组坚决贯彻落实党中央决策部署，四川省达州市宣汉县各级政府积极配合，推进新一轮找矿突破战略行动，中国地质科学院矿产资源研究所与四川省第二地质大队、中国石油化工股份有限公司勘探分公司、四川恒成钾盐科技有限公司、四川巴人新能源有限公司、成都理工大学等企事业单位协同创新，终于在川东北宣汉地区新发现了全球首例海相可溶性固体"新型杂卤石钾盐矿"，形成了具有中国特色的海相成钾理论新认识，并历经多年勘查工作，估算宣汉地区钾盐推断资源量（KCl）2.45×10^8 t（超大型），外加潜在资源量（KCl）4.65×10^8 t，资源总规模 7.1×10^8 t，取得了我国海相可溶性固体钾盐矿找矿的重大突破，形成了"海陆并重"新格局，实现了我国亿吨级海相可溶性固体钾盐矿"从0到1"的跨越。

希望广大地质科研工作者以此为契机，继续为保障国家粮食安全和矿产资源安全贡献力量。愿此书能为我国海相钾盐资源勘查事业提供有益的借鉴和启示。

郑绵平

2025 年 1 月 26 日

前　言

钾盐是我国大宗紧缺战略性矿产，主要用于生产农用钾肥，是农业生产不可或缺的矿物原料，被誉为粮食的"粮食"，钾盐增储保供同时关乎国家矿产资源安全和粮食安全。我国钾盐资源短缺，而钾盐、钾肥的消费又长期居于世界首位，超过50%依赖进口，主要进口国为加拿大、俄罗斯和白俄罗斯，存在重大国际地缘不确定风险。世界上已发现的钾盐矿床，六大洲均有分布，但很不均衡，以加拿大、俄罗斯、白俄罗斯、中亚、欧洲为主。美国地质调查局2025年发布的世界各国钾盐储量数据显示：全球钾盐总储量4.8×10^9t（K_2O），其中98%来自寒武纪至新近纪各主要成盐时代的海相层控蒸发岩矿床中。我国已探明的钾盐储量1.81×10^8t（K_2O），不足全球钾盐总量的4%，主要来自陆相盐湖，占国内消费总量近一半的钾盐生产来自青海察尔汗、新疆罗布泊等陆相浅表盐湖，盐湖钾盐切实起到了钾肥供给"压舱石"的作用。目前，国内陆相盐湖钾盐正处于高强度开发中，有限的储备资源日渐减少，仅仅依靠现有的陆相盐湖钾盐看来还是远远不够的！

2022年初，随着俄乌冲突的爆发，全球钾肥的主要供应国俄罗斯和白俄罗斯受到制裁，钾肥供应链被阻断，钾肥价格暴涨，导致我国的钾肥供应出现较大缺口。为此，国家下达钾盐"增储保供"任务，主要钾肥企业纷纷增产扩能，加之在老挝开发钾盐的企业的反哺，最终平稳度过了2022年度的钾肥供应危机，如今，钾肥的供应逐渐恢复至俄乌冲突之前的状态。但是，俄乌冲突、巴以冲突等事件警示我们，突发性和长期性的钾盐、钾肥供应短缺势必严重影响到国家粮食安全。习近平总书记多次强调，中国人要把饭碗牢牢端在自己手中，而且要装自己的粮食。悠悠万事，吃饭为大！古往今来，粮食安全始终是治国安邦的首要之务，粮食安全是"国之大者"。因此，我们务必未雨绸缪，立足国内，继续向深部进军，大力加强中国前第四纪古盐盆钾盐的研究与勘查，重点开展海相找钾和"油钾兼探"，只有在海相盆地蒸发岩地层中取得可溶性固体钾盐找矿的重大突破，方可从根本上解决中国钾盐的自给问题。

中国大陆构造演化具小陆块拼合、多旋回构造和强烈陆内活动特征，成钾地质条件复杂，后期构造活动改造作用强烈，形成了中国独特的海相钾盐禀赋特征。近年来，围绕中国海相钾盐先后提出"二层楼"和"双控复合成矿"等成矿理论新认识（郑绵平等，2015；张永生等，2024），有效指导找矿勘查部署，相继取得滇西南思茅盆地侏罗系、川东北宣汉盐盆三叠系等海相钾盐找矿新发现。其中，在四川宣汉地区下三叠统嘉陵江组发现全球首例海相可溶性固体钾盐矿床新类型——"新型杂卤石钾盐矿"，结合"气钾兼探",估算宣汉地区钾盐推断资源量（KCl）$2.45×10^8$t（超大型），外加潜在资源量（KCl）$4.65×10^8$t，资源总规模达$7.1×10^8$t，取得了我国亿吨级超大型海相可溶性固体钾盐矿"从0到1"的重大突破，重塑了我国钾盐分布态势，形成"海陆并重"新格局。

本专著是四川盆地东北部宣汉地区海相"新型杂卤石钾盐矿"的发现、成矿理论和勘查技术创新、找矿突破成果的体现。本研究由国家重点研发计划项目"中国钾盐矿产基地成矿规律与深部探测技术示范"（2017YFC0602800）、国家地质大调查项目"四川盆地东北部锂钾资源综合调查评价"（DD20190172）、国家重点研发计划项目"重点含盐盆地钾盐成矿规律、勘查技术与增储示范"（2023YFC2906500）等联合资助。相关成果是在中国地质调查局统一部署下，由中国地质科学院矿产资源研究所牵头，四川巴人新能源有限公司、中国石油化工股份有限公司勘探分公司、四川省第二地质大队、四川恒成钾盐科技有限公司、中国石油化工股份有限公司胜利油田分公司物探研究院、四川省地质矿产（集团）有限公司、成都理工大学参加，多单位、多学科协同创新、联合攻关取得的。各单位项目组主要成员参与了本专著的编写工作，具体分工如下：第一章，张永生；第二章，邢恩袁、张兵、苏奎、桂宝玲；第三章，张永生、邢恩袁、桂宝玲、左璠璠、牛新生、苏奎、商雯君；第四章，张永生、邢恩袁、桂宝玲、苏克露、慎国强、王建波、葛星；第五章，张永生、邢恩袁、桂宝玲、仲佳爱、左璠璠、牛新生、苏奎、商雯君、彭渊、盛德波、刘铸；第六章，张永生、邢恩袁、桂宝玲、左璠璠、纪德宝、苏奎、牛新生、商雯君；第七章，张永生、邢恩袁、王宁军、唐兵、牛新生。此外，薛燕、肖梦晗、李璠洁、安晟、刘俊峰对全书的图件进行了清绘。最后由张永生对全书进行统一修改、定稿。

研究工作得到郑绵平院士的全程指导和悉心帮助，得到赵文智、赵文津、多吉、彭苏萍、毛景文、侯增谦、郭旭升、邓军、唐菊兴、朱立新、蔡克勤、帅开业、王瑞江、王保良、董树文、黄宗理、李月臣、乔德武、吕志成、杨振宇、吴珍汉、杨志明、尹宏伟、邹长春、黄文辉、于常青、李厚民、陈正乐等院士、专家的指导和帮助，使得项目组得以取得系统的海相钾盐理论技术创新和找矿突破成果。在项目执行过程中，得到中国地质调查局总工室、资源评价部、科技与外事部、中国地质科学院矿产资源研究所等单位领导的大力支持和帮助，得到四川省自然资源厅、四川省发展和改革委员会、达州市委市政府、宣汉县委县政府等地方各级领导的大力支持和帮助。中国国际工程咨询有限公司对达州市宣汉县海相钾盐成果转化及工业化生产试验攻关工程推进给予了大力支持和帮助。在此一并表示衷心感谢和诚挚敬意！

作　者

2025年2月

目 录

序
前言
第一章 绪论 ··· 1
   第一节 全球钾盐资源分布与供需格局 ··· 3
   第二节 四川盆地海相钾盐勘查历程 ··· 5
   第三节 本次工作成果简介 ·· 8
第二章 区域地质概况 ·· 11
   第一节 工区位置 ··· 11
   第二节 工区自然地理与经济状况 ··· 11
   第三节 区域地层 ··· 13
   第四节 区域构造 ··· 15
   第五节 区域岩相古地理 ·· 21
第三章 海相钾盐成矿理论新认识与新发现 ·· 39
   第一节 海相钾盐成矿理论新认识 ··· 39
   第二节 海相钾盐成矿理论新认识引领的找矿新发现 ···························· 43
   第三节 海相"新型杂卤石钾盐矿"成因机制与成矿模式 ······················· 45
第四章 "新型杂卤石钾盐矿"测井识别方法技术创新 ··································· 51
   第一节 "新型杂卤石钾盐矿"的典型测井识别方法 ······························· 51
   第二节 "新型杂卤石钾盐矿"综合测井定量识别模型的建立 ··············· 59
第五章 创新理论引领海相钾盐找矿取得突破 ·· 62
   第一节 创新理论指导部署钻探验证 ·· 62
   第二节 川宣地1井探获厚层高品位海相钾盐工业矿层 ························ 74
第六章 宣汉亿吨级海相可溶性固体钾盐矿的发现 ·· 76
   第一节 达州市宣汉地区矿区地质 ··· 76
   第二节 "新型杂卤石钾盐矿"矿体分布 ··· 88
   第三节 "新型杂卤石钾盐矿"矿石加工选冶性能 ·································· 122
   第四节 矿床开采技术条件 ·· 125
   第五节 地质勘查工作及质量评述 ··· 129

第六节　"新型杂卤石钾盐矿"氯化钾资源量估算 …………………………… 134
　　第七节　宣汉海相亿吨级钾盐资源基地建设可行性评价 ……………………… 146
第七章　创新理论技术应用的成果效益与经验启示 …………………………………… 148
　　第一节　成果效益 …………………………………………………………………… 148
　　第二节　经验启示 …………………………………………………………………… 148
主要参考文献 ……………………………………………………………………………… 150

第一章　绪　论

钾盐是我国大宗紧缺战略性"粮食矿产"，超过 50%依赖进口，主要进口国为加拿大、俄罗斯和白俄罗斯，显然存在重大国际地缘不确定风险。根据自然资源部数据，目前我国钾盐探明资源储量主要来自陆相盐湖，国内占消费总量近一半的钾盐生产来自青海察尔汗、新疆罗布泊等陆相浅表盐湖。盐湖钾盐切实起到了钾肥供给"压舱石"的作用。但是，伴随陆相盐湖钾盐的高强度开发及总体有限资源量的制约，结合我国作为全球第一大钾肥消费国和拥有 14 亿多人口农业大国的实际情况，仅仅依靠现有的陆相盐湖钾盐是远远不够的！为了切实保障我国钾盐供给不被西方"卡脖子"和受制于人，立足国内，寻找新的接续钾盐资源势在必行：陆相深层有待拓展，海相钾盐亟待突破，且只有海相可溶性固体钾盐找矿取得实质性突破，方能从根本上扭转我国严重缺钾的被动局面。

就海相钾盐来说，国外探明的钾盐主体为海相可溶性固体钾盐，其探明资源量（K_2O）达 $2.153×10^{11}$t（钱自强等，1994）。大型、超大型钾盐矿床主要形成于巨型稳定板块背景的克拉通古陆表海蒸发盆地，矿石类型主要为氯化钾（钾石盐）和光卤石，如加拿大泥盆纪的萨斯喀彻温钾盐矿床、俄罗斯寒武纪涅帕钾盐矿床等。国内海相找钾始于 20 世纪 60 年代，成立专业队伍专门针对四川盆地海相钾盐开展调查，以寻找氯化钾和光卤石为主线，开启了中国海相钾盐找矿历程，虽然至今未能发现氯化钾和光卤石，但在中-下三叠统嘉陵江组（T_1j）—雷口坡组（T_2l）却发现了大规模与硬石膏和白云石互层产出的杂卤石，本书称之为"石膏型杂卤石"，其远景资源折合氧化钾（K_2O）达百亿吨（金锋，1989），但因绝大部分埋深大于 2000 m，不能旱采，亦无法采用水溶法溶采，现阶段尚难以开发利用。其他海相盆地的找钾工作也在攻坚克难中，我国古代海相可溶性固体钾盐找矿历经 50 余年攻关，未获重大突破。

就四川盆地来说，其中-下三叠统嘉陵江组—雷口坡组海相含钾盐系中除了上述"石膏型杂卤石"外，是否还存在与石盐共伴生的杂卤石？即杂卤石和石盐组合在一起，虽然杂卤石本身属于枸溶性，但其破碎后可溶于水，且由于石盐极易溶于水，若二者组合能达到工业矿层厚度和工业品位，即便深埋地下，也可利用水溶法溶采，这便是能够开发利用的"活矿"。基于这样的思考，项目组对四川盆地早-中三叠世海相钾盐的成矿条件进行了系统分析，结合多年来的找钾工作实践，认识到四川盆地东部古盐盆发育，是形成石盐-杂卤石共伴生沉积的有利区。尤其是川东北地区位于华蓥山、大巴山等多组构造交汇的复杂构造区，成盐成钾有利区叠加后期构造活动强烈改造，是最有可能实现海相可溶性固体钾盐找矿突破的成矿有利区。2017年以来，中国地质调查局中国地质科学院矿产资源研究所（以下简称"资源所"）郑绵平钾盐团队通过对达州市宣汉地区的HC2、HC3等卤水探井的岩心进行复查，发现大量破碎的杂卤石碎屑颗粒分布于石盐基质中，KCl含量达边界工业品位以上，不同于钾石盐和光卤石，亦不同于前人研究的"石膏型杂卤石"，将之命名为"新型杂卤石钾盐矿"（郑绵平等，2018）。

在中国地质科学院矿产资源研究所（以下简称"资源所"）承担的国家重点研发计划项目"中国钾盐矿产基地成矿规律与深部探测技术示范"（2017YFC0602800）、地质调查二级项目"四川盆地东北部锂钾资源综合调查评价"（DD20190172）等联合资助下，资源所海相钾盐团队联合中国石油化工股份有限公司勘探分公司、四川省第二地质大队（原405队）、中国石油化工股份有限公司胜利油田分公司物探研究院、四川恒成钾盐科技有限公司（以下简称"恒成公司"）、四川省地质矿产（集团）有限公司、成都理工大学等产学研兄弟单位的地质、地球物理、地球化学等多学科专业技术人员协同攻关，系统开展"新型杂卤石钾盐矿"的成钾物质来源、成因机制、成矿模式、空间分布规律等研究，提出了新型杂卤石钾盐矿"双控复合成矿"理论新认识，建立了"两阶段"成矿模式，提出了"三高、两低、一大"综合测井识别新方法。创新海相钾盐理论技术指导找矿勘查验证井部署，于2019~2020年间设计部署1口"钾锂兼探"基准井——川宣地1井。资源所紧密联合宣汉县地方政府，央地企合作实施钻探工程，探获厚度29.46 m、KCl平均含量为12.03%的"新型杂卤石钾盐矿"厚层高品位工业矿层。与此同时，利用宣汉地区钾盐有利分布区（630 km^2）内4口取心井的钾盐矿层样品实测数据和对应的测井解释数据（钾含量、密度）的拟合分析和验证，建立矿石K含量和密度参数的测井定量评价模型。结合"气钾兼探"，利用非取心的29口天然气井的测井解释数据，共33口钻井数据，查明"新型杂卤石钾盐矿"分布面积达368 km^2，圈定钾盐矿体富矿区块面积179 km^2，依据《矿产地质勘查规范 盐类 第3部分：古代固体盐类》（DZ/T 0212.3—2020），运用"几何法"，初步估算富矿区块（面积179 km^2）"新型杂卤石钾盐矿"推断资源量（KCl）2.45×10^{8}t（超大型），潜在资源量（KCl）4.65×10^{8}t，合计7.1×10^{8}t。至此，奠定了川东北达州市宣汉地区形成我国首个亿吨级海相可溶性固体钾盐基地的资源基础，取得了我国海相可溶性固体钾盐找矿的重大突破。

以资源所牵头的海相钾盐科技创新联合团队在新一轮找矿突破战略行动中，围绕国家对钾盐这一大宗紧缺战略性"粮食矿产"的重大急需，针对近年来在川东北宣汉地区发现的海相可溶性"新型杂卤石钾盐矿"，对其矿床成因、成矿规律、矿床分类、矿石加工选冶技术性能、矿层测井定量识别技术、矿层展布、资源量估算等方面进行了系统研究，并对四川盆地海相找钾前景进行了展望，本书是对近 8 年来取得的海相可溶性固体钾盐勘查理论技术创新和找矿突破成果的总结，致力于推动我国海相可溶性固体钾盐找矿勘查理论技术创新和应用示范迈上新台阶，为保障国家粮食安全展现来自海相钾盐的有力支撑。

第一节　全球钾盐资源分布与供需格局

一、全球钾盐资源分布

世界钾盐资源非常丰富，但却具有分布极不均衡的特点。在具有工业意义钾盐矿床分布的国家中，加拿大、俄罗斯、白俄罗斯和德国合计储量占世界总量的92%之多，北半球欧洲、北美洲及中亚等地区涵盖了大部分大型、超大型钾盐矿床（图1-1）（Orris et al., 2014）。

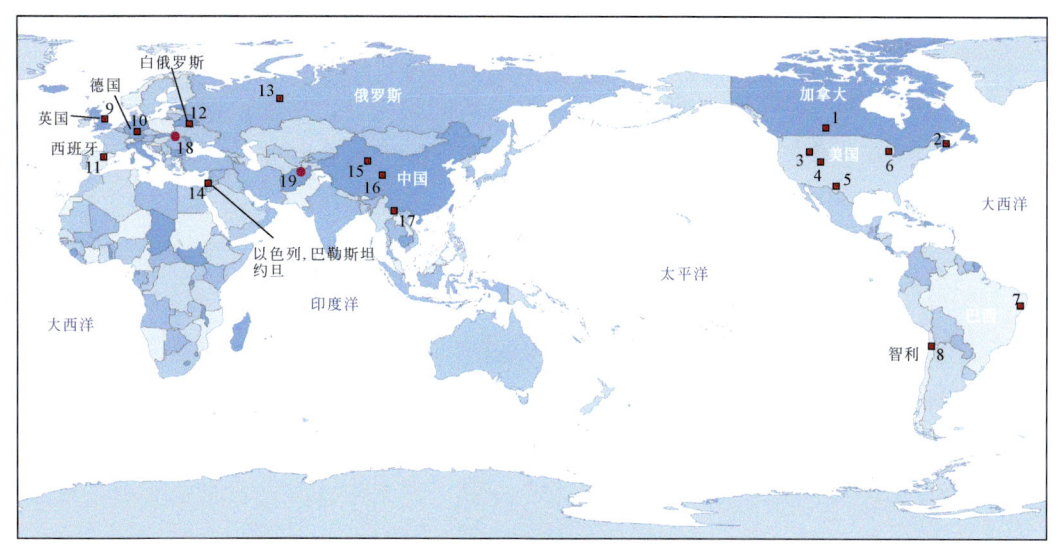

图 1-1　全球主要钾盐矿床分布图

美国地质调查局《2012年矿产商品摘要》中列出的前12个钾盐产国的地点以红色编号框表示。这些国家的钾盐产区分别是：1-加拿大萨斯喀彻温省埃尔克波因特矿；2-加拿大新不伦瑞克省佩诺布斯-皮卡迪利；3-美国犹他州博纳维尔盐滩；4-美国犹他州摩押矿；5-美国新墨西哥州卡尔斯巴德区；6-美国密歇根盆地卤水；7-巴西塞尔希培州塔夸里-瓦苏拉斯；8-智利阿塔卡马钾盐矿；9-英国布尔比矿区；10-德国泽希斯坦盆地钾矿；11-西班牙纳瓦拉和卡多纳；12-白俄罗斯普里皮亚季盆地；13-俄罗斯别列兹尼基和索利卡姆斯克矿；14-约旦和以色列死海盐水作业；15-中国新疆罗布泊卤水；16-中国青海柴达木盆地卤水作业；17-中国云南省勐野井地区。粉红色数字圆圈表示活跃的钾矿或产区，这些地区不在前12个钾盐生产国之列，包括：18-乌克兰喀尔巴阡地区和19-乌兹别克斯坦秋别加坦（矿床信息来自：Orris et al., 2014）

世界钾盐资源量为 $2.5×10^{11}$ t（K_2O）（USGS, 2025），主要产于寒武纪至新近纪各主要成盐时代的海相层控蒸发岩矿床中，矿床类型主要为古代海相可溶性固体光卤石矿和钾石盐矿两类，在全球钾盐资源量的占比超过98%。第四纪浅表盐湖卤水钾矿主要分布在中国青海柴达木和新疆罗布泊、中东死海、美国大盐湖等，在全球钾盐资源量的占比不足2%。2025年，全球钾盐探明储量超过$4.8×10^9$t（以K_2O计），主要分布于加拿大、俄罗斯、白俄罗斯（USGS，2025），其中，中国钾盐储量$1.81×10^8$t，是世界主要的储量国之一，占全球探明储量的4%。

由上可以看出，无论是钾盐资源量或探明储量，中国的钾盐资源家底无疑是十分薄弱的。

二、全球钾盐供需格局

据供给方统计数据：2023年，全球钾盐产量接近$4×10^7$t（K_2O），其中加拿大产量占比最高，约为30%；俄罗斯和白俄罗斯分别占比约20%。我国钾盐资源分布较为集中，主要分布在青海、新疆等地区，这两地区钾盐储量占全国总储量的80%以上，年产量约$6×10^6$t（2023年），全部供给国内使用。

据需求方统计数据：世界钾肥消费主要集中在亚洲、拉美、北美及欧洲，其中东亚和拉美地区约占世界钾肥消费总量的55%。就国家而言，中国、巴西、美国和印度是世界主要的钾肥消费国，约占世界总量的64%。

三、国内钾盐资源分布及供需现状

与国外千亿吨海相可溶性固体钾盐相比，我国目前的钾盐资源家底实在是太薄了。我国是个拥有14亿多人口的农业大国，农业生产对钾肥消费的高需求具有长期性，即使达到了传统矿产资源消费的峰值，钾肥消费也将长期保持在高位运行。

近十年来，我国钾盐年均消费量为$1.764×10^7$t（以KCl计，下同），国内钾盐产量为$9×10^6$t/a，其中80%以上产自柴达木盆地盐湖，其余部分产自罗布泊盐湖。我国钾盐消费缺口主要依靠进口，近10年来年均进口量为$8.42×10^6$t（据海关总署），对外依存度达到43%~67%（图1-2），2023年超过六成依赖进口，对外依赖度明显提升。

我国钾肥进口国集中于加拿大、俄罗斯、白俄罗斯，2023年增加了老挝。国际地缘政治持续动荡，严重影响我国粮食安全。

四、国内海相钾盐找矿突破的紧迫性

由上可知，我国现有探明钾盐资源主要来自第四纪陆相盐湖，按目前的高强度开采量，现有盐湖矿山稳产至多再维持10~20年，之后将不得不面临资源枯竭的问题。即便近年来在柴达木盆地西北部找到了深层"砂砾型"卤水钾矿，其KCl资源量预计可达

图1-2 中国钾肥（氯化钾）近十年对外依赖度变化情况
（据国家统计局、美国地质调查局、中国海关总署统计的历年数据）

$6×10^8$~$8×10^8$t，但对于柴达木盆地而言，其陆相钾盐勘查潜力已接近上限。相比之下，国外千亿吨丰富的钾盐资源主要为大型-超大型/巨型的古代海相可溶性固体钾盐矿床（氯化钾、光卤石），国内钾盐勘查已历史性地形成由陆相→海相的战略转移态势。因此，立足国内，寻找古代海相大型-超大型可溶性固体钾矿显得尤为迫切，只有取得海相钾盐找矿的重大发现和突破，才能从根本上扭转我国严重缺钾、长期依赖进口的被动局面。

五、国内海相成钾理论技术创新与找矿突破

2010年以来，中国地质调查局启动新一轮全国性钾盐资源调查评价工作，遵循"三个并举"（海陆并举、固液并举、深浅并举）的总体指导原则，分别在柴达木、四川、塔里木、思茅、羌塘、鄂尔多斯、江汉等中西部海相、陆相盆地部署钾盐调查工作，在海相钾盐找矿勘查实践中，相继提出了思茅盆地侏罗系的"二层楼"、鄂尔多斯盆地奥陶系的"W型复底锅"等海相成钾理论新认识，指导海相盆地钾盐勘查部署，取得了多项新发现和新进展（郑绵平等，2015）。2017年以来，资源所海相钾盐项目组以提出的海相新型杂卤石钾盐矿"双控复合成矿"理论新认识和"两阶段"成矿模式为指导，以测井定量识别预测新模型为技术支撑，在四川盆地东北部达州市宣汉地区取得了三叠纪海相可溶性固体"新型杂卤石钾盐矿"的重大发现和突破，开辟了四川盆地海相钾盐找矿的新方向和新领域，实现了中国亿吨级海相可溶性固体钾盐矿床从0到1的突破，开启了我国海相钾盐找矿新篇章。

第二节 四川盆地海相钾盐勘查历程

四川盆地地质工作历史悠久，区域地质调查有较好的基础。针对钾盐找矿勘查，

原西南石油管理局第二地质大队（以下简称"原二大队"）、四川省地质矿产勘查开发局所属有关地勘单位、原四川省石油管理局，以及中国石油天然气股份有限公司（以下简称"中石油"）、中国石油化工股份有限公司（以下简称"中石化"）等单位先后进行了不同比例尺的四川盆地中-下三叠统钾盐找矿及研究、矿产勘查、区域重磁测量及油气勘查等工作，但针对杂卤石型钾盐的勘查及研究工作十分薄弱。四川盆地三叠系属古特提斯海的东部海相沉积地层。已有的资料显示，其中钾盐资源非常丰富，是我国重要的含卤盆地和盐产地。"六五"、"七五"及"八五"期间，地质、化工、石油部门在四川盆地开展了找钾科研工作。目前已在川西的平落坝构造雷口坡组和川东北宣汉大湾构造嘉陵江组勘探发现固、液相钾盐资源（包括富钾锂卤水和近年来新发现的海相可溶性"新型杂卤石钾盐矿"）。

1965~1986年，原二大队对四川盆地开展中-下三叠统钾盐找矿研究工作，测制了全盆地及盆周地区大量的地层剖面，施工了浅钻、中深钻、深钻钻井近百口。钻孔深度在1000 m以内的绝大多数钻孔剖面有次生改造现象，表明膏盐层已被溶蚀，川中（深井3000多米）钻孔含盐系取心中发现微量的无水钾镁矾、硫镁矾等钾镁盐矿物及较多的杂卤石矿物。通过岩心实物与地球物理测井曲线对比，认识并解决了能通过测井曲线解释判别没有取心钻井中的盐类矿物；通过油盐兼探，与石油勘查单位合作，获取部分含盐系的岩矿心（WL54井、W39井、W5井、W2井、W91井、W28井、D70井、Z1井、Z3井、GS1井、CH81井等），收集了大量的深井资料，了解到四川盆地中-下三叠统中杂卤石分布十分普遍，产出层位有T_1j^{4-2}、T_1j^{5-2}、T_2l^{1-1}、T_2l^{4-2}四个，产出地区从盆地东部万州到华蓥山盆地北部大巴山前、川中、龙泉山以西广大地区，比较集中的区域有万州、垫江、达州、广安、武胜、南充、蒲江等地区，达州附近及广安、华蓥山背斜西翼显示最有找矿前景。二大队对杂卤石远景资源（K_2O）估算达$1×10^{10}$t，主要是指与硬石膏和白云石共伴生/互层的杂卤石。

另外，1982年建材部西南地质公司于华蓥山背斜北倾末端偏崖子T_1j^5至T_2l^1盐系地层中发现浅层杂卤石钾矿，埋深仅数十至数百米。次年西南石油地质局在华蓥山烂泥湾钻井中也发现杂卤石钾矿。

2000年以来中石化在普光地区的油气勘探工作和国家重要矿产成矿规律及预测评价研究以及四川省开展的部分钾盐勘查评价工作为本次"新型杂卤石钾盐矿"调查工作提供了部分资料支持，这些工作具体如下：

2002年中石化完成普光地区三维地震探测工作。

2008~2012年，四川省地矿局地质调查院承担国家重点科研课题"四川省21个重要矿产成矿规律及预测评价研究"，通过对四川省钾盐典型矿床（渠县农乐式）研究，在收集部分油气钻井资料和相关研究资料基础上，对四川省中-下三叠统的岩相古地理、盐湖成钾环境，钾盐赋存规律进一步深入研究，提出广安、达州等地区存在重大的杂卤石钾盐矿资源潜力，并概略圈定出相应靶区，采用地质体积法对杂卤石钾盐矿进行了资源量概算。黄金口构造全区预测杂卤石钾盐矿资源量：K$_2$O 1.9439×10^{8}t，其中 334-1 为 1.845×10^{7}t，334-2 为 1.4066×10^{8}t，334-3 为 3.528×10^{7}t。

2017 年以来，资源所郑绵平院士团队在四川盆地东北部宣汉地区下三叠统嘉陵江组四-五段（简称"嘉四-五段"）发现了一种与石盐共生的碎屑颗粒杂卤石，此种分布于石盐基质中的碎屑颗粒杂卤石易溶于水，便于采用水溶法低成本、规模化开采，因而被命名为"新型杂卤石钾盐矿"，是一种全新的海相可溶性优质钾盐矿床类型。

前人认为杂卤石主要是交代石膏、硬石膏次生形成，与石膏/硬石膏、白云石共伴生或互层，且绝大部分埋深>2000 m（2000~5000 m），不能坑采，亦不能溶采，现阶段难以开发利用，只能"望矿兴叹"。直到 2017 年，以资源所郑绵平院士团队在川东北达州市宣汉地区取得厚层"新型杂卤石钾盐矿"的重大发现和突破为标志，由此开辟了四川盆地寻找海相可溶性固体钾盐矿的新方向和新领域，同时兼探深部富钾锂卤水。

归纳起来，四川盆地海相钾盐勘查历程大体分为 4 个阶段：

（1）初始发现杂卤石-浅探预测阶段（1961~1971 年）：借鉴国外海相钾盐找矿经验，找钾对象瞄准氯化钾、光卤石等海相可溶性固体钾盐，主要实施单位原二大队在川东南自贡郭家坳郭 3 井的岩屑中发现杂卤石，杂卤石与硬石膏、白云石共伴生或互层，未见氯化钾和光卤石，由此开启了四川盆地中-下三叠统海相杂卤石的勘查历程。

（2）深部卤水-浅部杂卤石兼探阶段（1972~1990 年）：主要实施单位原地质部第一石油指挥部、原二大队及建材部门地质队等相继在川东北达州市宣汉地区川 25 井、北 2 井发现富钾卤水，KCl 含量高达 25 g/L，并含 Li$^+$、B$^-$、Br$^-$、I$^-$等；在渠县石膏矿勘探中发现了浅层杂卤石。这一阶段的找钾对象转变为深层富钾卤水和浅层杂卤石。

（3）深部液固兼探阶段（1991~2016 年）：随着川东北宣汉地区深部富钾锂卤水的发现，找钾重心开始向深部卤水倾斜，原地矿部第二地质大队在川西邛崃平落 4 井发现埋深大于 5000 m 的富钾卤水，其 KCl 含量高达 50 g/L，同时兼探深层杂卤石，预测四川盆地杂卤石远景资源（K$_2$O）达 1×10^{10}t 以上，但因绝大部分埋深大于 2000 m，目前尚难以开发利用。这一阶段的找钾对象转变为深层富钾卤水、深层杂卤石（与硬石膏和白云石共伴生或互层）。

（4）深部固液兼探阶段（2017 年至今）：资源所郑绵平院士团队在川东北达州市宣汉地区发现海相可溶性固体"新型杂卤石钾盐矿"（杂卤石碎屑颗粒分布于石盐基质中）并取得重大突破，由此开辟了海相可溶性固体钾盐找矿的新方向和新领域，同时兼探深部富钾锂卤水。此阶段及今后找钾对象调整为以海相可溶性固体"新型杂卤石钾盐矿"为主打，兼探深部富钾锂卤水。

第三节　本次工作成果简介

一、成果介绍

（一）海相钾盐重大科技问题的提出

自20世纪60年代起至2016年的50余年间，四川盆地海相找钾经历了艰难曲折的历程，起初是为了寻找同国外一样的可溶性固体钾盐——氯化钾（KCl）和光卤石（$KCl·MgCl_2·6H_2O$）（至今尚未发现），但在此过程中却找到了深层富钾锂卤水和大规模杂卤石（$K_2SO_4·MgSO_4·2CaSO_4·2H_2O$），即在中-下三叠统嘉陵江组（$T_1j$）—雷口坡组（$T_2l$）发现了大规模与硬石膏和白云石互层产出的杂卤石（石膏型杂卤石），其远景资源折合氧化钾（K_2O）达百亿吨（金锋，1989），但因绝大部分埋深大于2000 m，不能旱采，亦无法采用水溶法溶采，现阶段尚难以开发利用。

在活动的上扬子局限蒸发台地上，其三叠纪海相含钾盐系中除了上述"石膏型杂卤石"之外，是否还存在与石盐共伴生沉积的杂卤石？即杂卤石和石盐组合在一起，虽然杂卤石本身属于构溶性，但其破碎后可溶于水，且由于石盐极易溶于水，若二者组合能达到工业矿层厚度和工业品位，即便深埋地下，也可利用水溶法溶采，这就形成了能够开发利用的"活矿"了，应该是下一步海相钾盐找矿的主攻方向。

（二）海相"新型杂卤石钾盐矿"勘查理论技术创新与找矿重大突破

基于这样的思考，资源所海相钾盐项目组对四川盆地早-中三叠世海相钾盐的成矿条件进行了系统分析，结合多年来的找钾工作实践，认识到四川盆地东部古盐盆发育，是形成石盐-杂卤石共伴生沉积的有利区，尤其是川东北地区位于华蓥山、大巴山等多组构造交汇的复杂构造区，成盐成钾有利区叠加后期构造活动强烈改造，是最有可能实现海相可溶性固体钾盐找矿突破的成矿有利区。项目组首选可能具有石盐+杂卤石共伴生沉积的宣汉盐盆，开展科技攻关和应用示范，取得了以下5个方面的突出成果：

（1）发现全球首例新类型海相可溶性固体钾盐矿床——"新型杂卤石钾盐矿"。基于在四川盆地三叠系寻找与石盐共伴生杂卤石的、海相可溶性固体新型复合钾盐矿的新思路，2017~2018年，资源所海相钾盐团队通过对川东北宣汉地区卤水探井岩心的复查，发现大量破碎的杂卤石碎屑颗粒分布于石盐基质中，KCl含量达到边界工业品位以上，可溶于水，不同于氯化钾和光卤石，亦不同于前人发现的"石膏型杂卤石"，将之命名为"新型杂卤石钾盐矿"（郑绵平等，2018）。

（2）提出新型杂卤石钾盐矿"双控复合成矿"理论新认识。针对首次发现的海相可溶性"新型杂卤石钾盐矿"，项目组对其成因问题包括成钾物质来源、成矿过程、分布规律、成因机制、成矿模式等进行了系统研究：查明了成钾物质主要来自同期海水。厘定了其成矿过程主要受控于两个关键阶段：古盐盆原始沉积阶段，形成石盐-杂卤石-石膏不等厚互层"千层饼"；后期盐构造塑性变形改造阶段，导致石盐-杂卤石-硬石膏"千层饼"碎裂掺和、"新型杂卤石钾盐矿"形成。据此提出了新型杂卤石钾盐矿"双控复合成矿"理论新认识，建立"两阶段"成矿模式。

（3）形成"新型杂卤石钾盐矿"综合测井定量识别评价新方法。优选测井敏感参数，首次建立"三高、两低、一大"新型杂卤石钾盐矿层综合测井识别新方法；结合取心井钾盐样品测试数据和测井数据，建立钾盐矿层的钾含量与矿石密度的定量预测新模型，实现了运用综合测井资料准确定量化识别预测"新型杂卤石钾盐矿"矿层的目的，并推用至其他未取心但测井资料齐全的天然气探采井，为"新型杂卤石钾盐矿"矿层的精准定量识别和资源量估算提供综合测井新方法技术支持。

（4）部署验证井钻探，探获厚层高品位工业钾盐矿层。创新海相钾盐理论技术指导支持找矿勘查验证井部署，于2019～2020年间设计部署1口钾锂兼探基准井——川宣地1井，资源所紧密联合宣汉地方政府，央地企合作实施验证井钻探工程，在井深3007.41～3388.33 m范围内探获嘉陵江组嘉四-五段累计厚达29.46 m（最低工业可采厚度为0.5 m）、氯化钾（KCl）平均含量12.03%的"新型杂卤石钾盐矿"厚层高品位工业矿层，取得了我国海相可溶性固体钾盐找矿的重大突破。

（5）初步评估宣汉地区"新型杂卤石钾盐矿"资源量（KCl）达超大型规模。利用宣汉地区钾盐有利分布区（630 km²）内4口取心井的钾盐矿层样品实测数据和测井解释数据（钾含量、密度）的拟合分析和验证，建立矿石K含量和密度参数的测井定量评价模型，结合"气钾兼探"，利用非取心的29口天然气井的测井解释数据，共33口钻井数据，查明"新型杂卤石钾盐矿"分布面积达368 km²，圈定钾盐矿体富矿区块面积179 km²，初步估算富矿区块"新型杂卤石钾盐矿"推断资源量（KCl）2.45×10^8t（超大型），潜在资源量（KCl）4.65×10^8t，合计7.1×10^8t，奠定了川东北达州市宣汉地区形成我国首个亿吨级海相可溶性固体钾盐基地的资源基础，实现了我国海相可溶性固体钾盐找矿重大突破。

二、成果的创新性

本项成果的创新性集中体现在以下3点：

（1）发现了全球首例新类型海相可溶性固体钾盐矿床——"新型杂卤石钾盐矿"

（一种全新的硫酸盐+氯化物复合型海相可溶性固体钾盐矿床新类型），厘定了其成盐-成钾-成矿过程受控于两个关键阶段——古盐盆原始沉积阶段（石盐-杂卤石-石膏"千层饼"形成）、后期盐构造塑性变形改造（石盐-杂卤石-硬石膏"千层饼"碎裂掺和），提出了"新型杂卤石钾盐矿"沉积+构造叠加控矿的"双控复合成矿"理论新认识，建立了"两阶段"成矿新模式，开拓了海相钾盐找矿新方向和新领域，为海相"新型杂卤石钾盐矿"找矿勘查部署提供科学理论依据。

（2）构建了"新型杂卤石钾盐矿"勘查评价和开发利用技术体系。①首次提出"新型杂卤石钾盐矿""三高、两低、一大"（高伽马、高钾、高电阻、低钍、低铀、大井径）的综合测井定量识别模型，结合钾盐样品实测数据和测井解释数据，建立了"新型杂卤石钾盐矿"矿层的钾含量和矿石密度的定量预测模型，为"新型杂卤石钾盐矿"的定量化识别预测和资源量估算提供综合测井新方法技术支持。②研发了"U型"对接井溶矿采卤新技术和混合卤水提取氯化钾、碳酸锂、硼酸等综合利用新工艺，为"新型杂卤石钾盐矿"绿色高效综合开发利用提供重要技术支撑。

（3）发现了中国首个（宣汉）亿吨级海相钾盐资源基地，实现了我国海相可溶性固体钾盐找矿的重大突破。创新理论技术指导支持找矿勘查验证井部署，位于川东北宣汉地区的川宣地1井探获累计厚达29.46 m、KCl平均含量12.03%的"新型杂卤石钾盐矿"厚层高品位工业矿层。结合"气钾兼探"，初步估算宣汉富矿区"新型杂卤石钾盐矿"KCl推断资源量（2.45×10^8t）+潜在资源（4.65×10^8t）共计7.1×10^8t，达超大型规模，潜在经济价值超万亿元，取得了我国海相可溶性固体钾盐找矿的重大突破，实现了我国亿吨级海相可溶性固体钾盐资源基地从0到1的跨越，重塑国内钾盐分布态势，由原来的"一陆独有"到现在的"海陆并重"新格局。

相关成果在国内外核心期刊上发表论文17篇（其中国际SCI论文3篇）、申报国家发明专利5项（获批4项，受理1项），其实际应用得到了达州市经济和信息化局、宣汉县人民政府、四川巴人新能源有限公司、四川恒成钾盐科技有限公司等政企单位的认证（成果应用证明），已完成对接井溶采提钾综合利用中试，带动巴人新能源公司和恒成公司新增就业岗位58个。我国深部海相可溶性固体钾盐开发（溶采提钾）产业从零开始，目前，在业已完成四川达州普光经济开发区-锂钾综合开发产业园（"普光锂钾产业园"）道路、场地和中试基地建设的基础上，达州市和宣汉县两级政府正在积极推进海相钾盐3×10^4t/a氯化钾工业生产攻关试验，目标是力争为国家提供首个海相钾盐钾肥接续基地，同时将资源优势转化为产业优势，为宣汉国家级贫困县脱贫后可持续发展提供新的经济增长引擎，预期将产生显著的经济和社会效益。

第二章 区域地质概况

第一节 工 区 位 置

上扬子局限蒸发台地是我国最有利的成钾区域之一,前人通过多年攻关,在三叠纪海相含钾盐系中找到了巨量"石膏型杂卤石",但因埋深过大(>2000 m),现阶段难以利用。资源所海相钾盐项目组对四川盆地早-中三叠世海相钾盐的成矿条件进行了系统分析,结合多年来的找钾工作实践,认识到四川盆地东部古盐盆发育,是形成石盐-杂卤石共伴生沉积的有利区,尤其是川东北地区位于华蓥山、大巴山等多组构造交汇的复杂构造区,成盐成钾有利区叠加后期构造活动强烈改造,是最有可能实现海相可溶性固体钾盐找矿突破的成矿有利区。项目组首选可能具有石盐与杂卤石共伴生沉积的宣汉盐盆,开展科技攻关和应用示范。工作区设置在四川省达州市宣汉县境内(图2-1),面积630 km^2,属于川东高陡构造带的北端[图2-1(a)],被一系列褶皱和冲断带所包围[图2-1(b)、(d)、(e)]。三叠纪时期具有四个海平面升降旋回[图2-1(c)](陈安清等,2015),本次调查研究的对象钾盐主要赋存于中-下三叠统中。

第二节 工区自然地理与经济状况

一、地形地貌特征

四川省达州市宣汉县东北与城口接壤,东与开州相邻,南连开江,西接达川、通川和平昌,北与万源交界,是北通陕西、东达湖北的要口。宣汉县海拔在277～2458 m之间,地形复杂、山势逶迤,由东北向西南倾斜绵延,呈"七山一水两分田"总体地貌。

二、气象、水文特征

宣汉县所在区域属中亚热带湿润季风气候区,无霜期长。年均气温16.8 ℃,日照1488 h,降水量1230 mm,无霜期296 d。宣汉县属嘉陵江水系。前、中、后河纵横宣汉县,中河于普光镇汇入后河,前、后河于城东汇为州河,天然落差16.6～327 m,年均流量34～160 m^3/s,宣汉县内流域面积占宣汉县面积的88%。

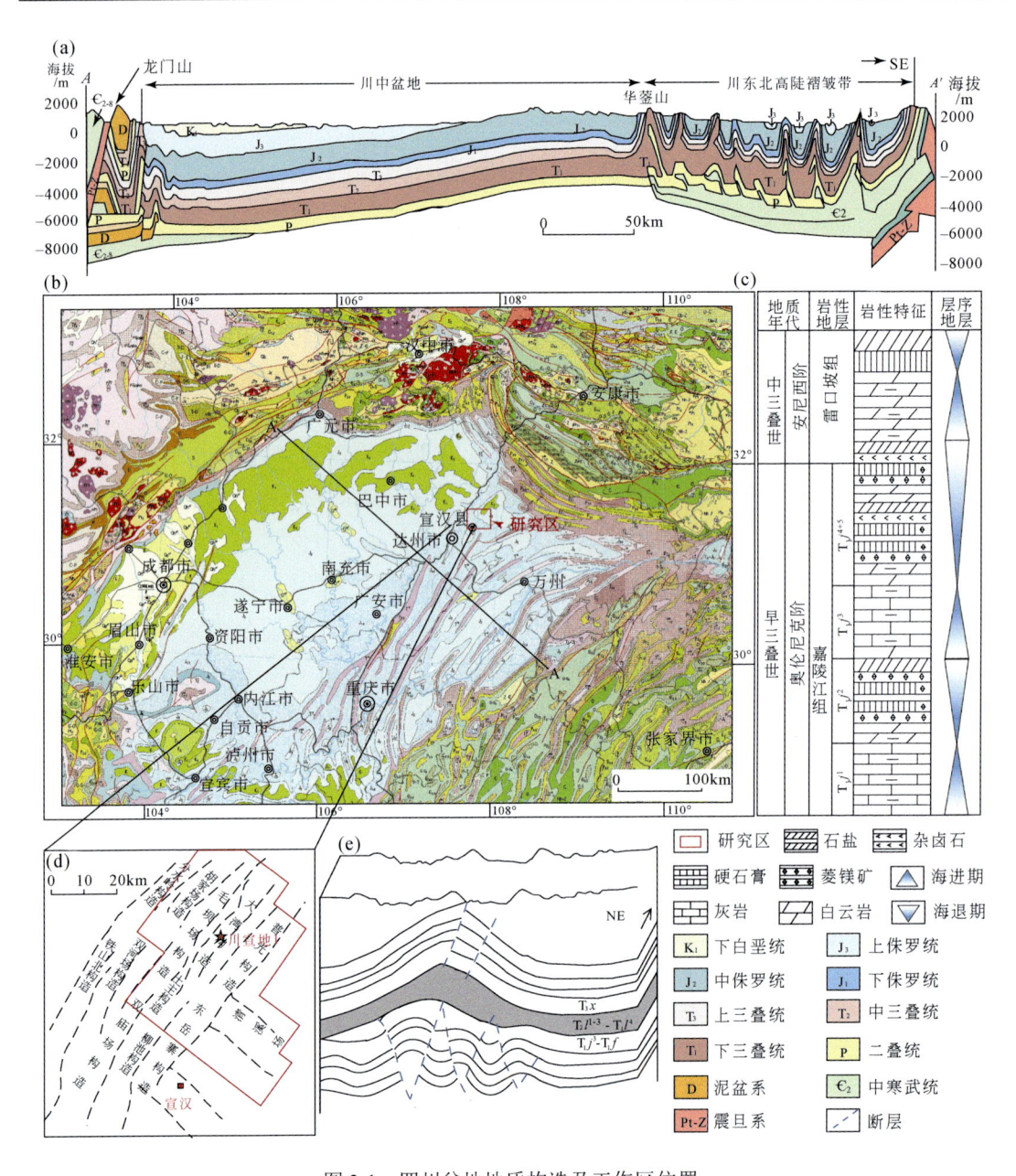

图 2-1 四川盆地地质构造及工作区位置

(a) 四川盆地现今构造剖面示意图，根据张岳桥等（2011）和周路等（2013）修改。(b) 四川盆地地质构造及地层分布简图。(c) 川东北地区下三叠统嘉陵江组和中三叠统雷口坡组中-下部地层划分、岩性特征及地层层序示意图，根据陈莉琼等（2010）和陈安清等（2015）修改。(d) 四川盆地东北部基底断裂特征与川宣地 1 井，根据唐大卿等（2008）修改。(e) 宣汉地区由蒸发岩组成的拆离层示意图

三、不良地质作用和地质灾害

该区域位于四川盆地东北大巴山南麓，区域地势以山地为主，夏季 7~9 月为暴雨多发季节，降水集中、量大，可能诱发洪水、崩塌、滑坡、泥石流等重大地质灾害。

四、区域经济概况

区内主要居民为汉族，经济以工业、农业为主，已建有中国（普光）微玻纤新材料产业园、柳池工业园、普光工业园区，全国首个钾锂综合开发示范园区正在筹备建设当中，"川气东输"的起点就位于普光工业园内。农业主产水稻、小麦、油菜籽，产桐油。养殖山羊、生猪、牛、家禽。黄金镇特产木耳，被誉为"川东木耳第一镇"。区内劳动力、水利资源丰富，电力供应充足。普光特大气田的开发带动了区内经济发展，目前黄金镇、普光镇、土主乡为区内人口主要聚集区，人民收入相对富裕，生活生产物资价格普遍高于达州市、宣汉县城区。

据公安年报统计，2019年末全县户籍总人口127.82万人，比上年末减少16600人，其中，女性人口60.32万人。据市统计局反馈，宣汉县2019年末常住人口102.3万人，常住人口城镇化率42.35%，比上年提高1.6个百分点。

2020年，宣汉县地区生产总值（GDP）4002056万元，按可比价格计算，比上年增长5.4%，增速分别比全国、全省和全市高3.1、1.6和1.3个百分点。其中，第一产业增加值793960万元，增长5.6%；第二产业增加值1592336万元，增长7.0%；第三产业增加值1615760万元，增长3.2%。三次产业对经济增长贡献率分别为21.0%、58.8%和20.2%，拉动地区生产总值增长1.1、3.2和1.1个百分点。三次产业结构由上年的18.8：39.4：41.8调整为19.8：39.8：40.4。"十三五"时期（2016—2020），全县GDP年均增长7.8%。

工作区内交通较为便利，其中心点距县城20.2 km，国道G210、G65包茂高速及襄渝铁路线由北东-南西方向贯穿全区。工作区内乡村道路较多，村镇相互连接，形成了沟通省外、连接乡镇、通达村社的公路交通网络。

第三节 区 域 地 层

四川盆地经历了前震旦纪基底形成、震旦纪—中三叠世拉张背景下的差异升降和海相台地沉积、晚三叠世以来挤压背景下的褶皱-冲断-隆升和陆相盆地沉积三大阶段，发育了从震旦系至第四系的地层（图2-2和图2-3）。

四川盆地古老基底之上至中三叠统，是一套以碳酸盐岩为主，夹碎屑岩、蒸发岩的海相地层，厚度一般为4~6 km，累计厚度达18 km。其间由于加里东运动的影响，盆地内大部分地区缺失志留系中上部、泥盆系及石炭系。而上三叠统（须家河组）、侏罗系、白垩系以及新生界，是一套以碎屑岩沉积为主的陆相地层，一般厚度为3~7 km，累计厚度可达10 km，广布于全盆地。其中白垩系、古近系—新近系仅分布于盆西的龙泉山以西和盆南、盆北等地，为河湖相碎屑岩和盐湖相沉积。第四系以冲积、洪积及冰水沉积相为主，分布于成都平原以及长江水系河谷的狭窄地带。四川盆地基底之上的沉积盖层厚度一般为 5～9 km，盖层厚度等值线总体呈北东向展布，其特征明显受盆地基底结构的控制。盆地内以二叠系、三叠系为主体沉积稳定，层序基本完整，厚度分别可达 700 m（雷西 2 井）及 2500 m（中九井、广星 1 井），分布遍及全盆地，但仅在盆地边缘及盆东、盆南一带背斜轴部附近有出露，其余大部分深埋，埋深可达 3000 m 以上。从岩性看，盆地内整个沉积盖层可分为碳酸盐岩和碎屑岩两大类。包括上三叠统及侏罗系、白垩系的盆地碎屑岩，为一套中厚层岩屑石英砂岩及长石石英砂岩、含泥质砂岩与泥岩、页岩呈韵律层理的陆相沉积岩。自震旦系至中三叠统以碳酸盐岩为主，是一套薄-厚层含不等量泥质的灰岩、白云岩及过渡性岩石及蒸发岩（硬石膏岩、盐岩等）呈韵律层的海相沉积岩。碳酸盐岩具有泥晶、粉晶、细晶、粒屑、鲕粒、生物碎屑及针状等结构，部分层段针状孔发育。

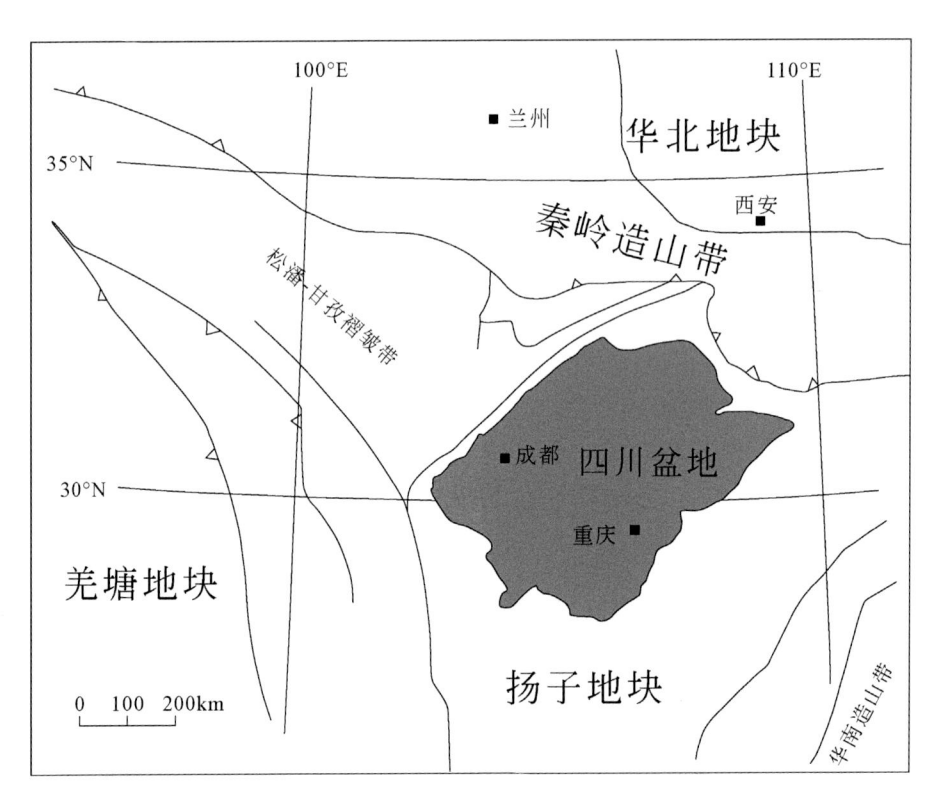

图 2-2 四川盆地地理位置示意图

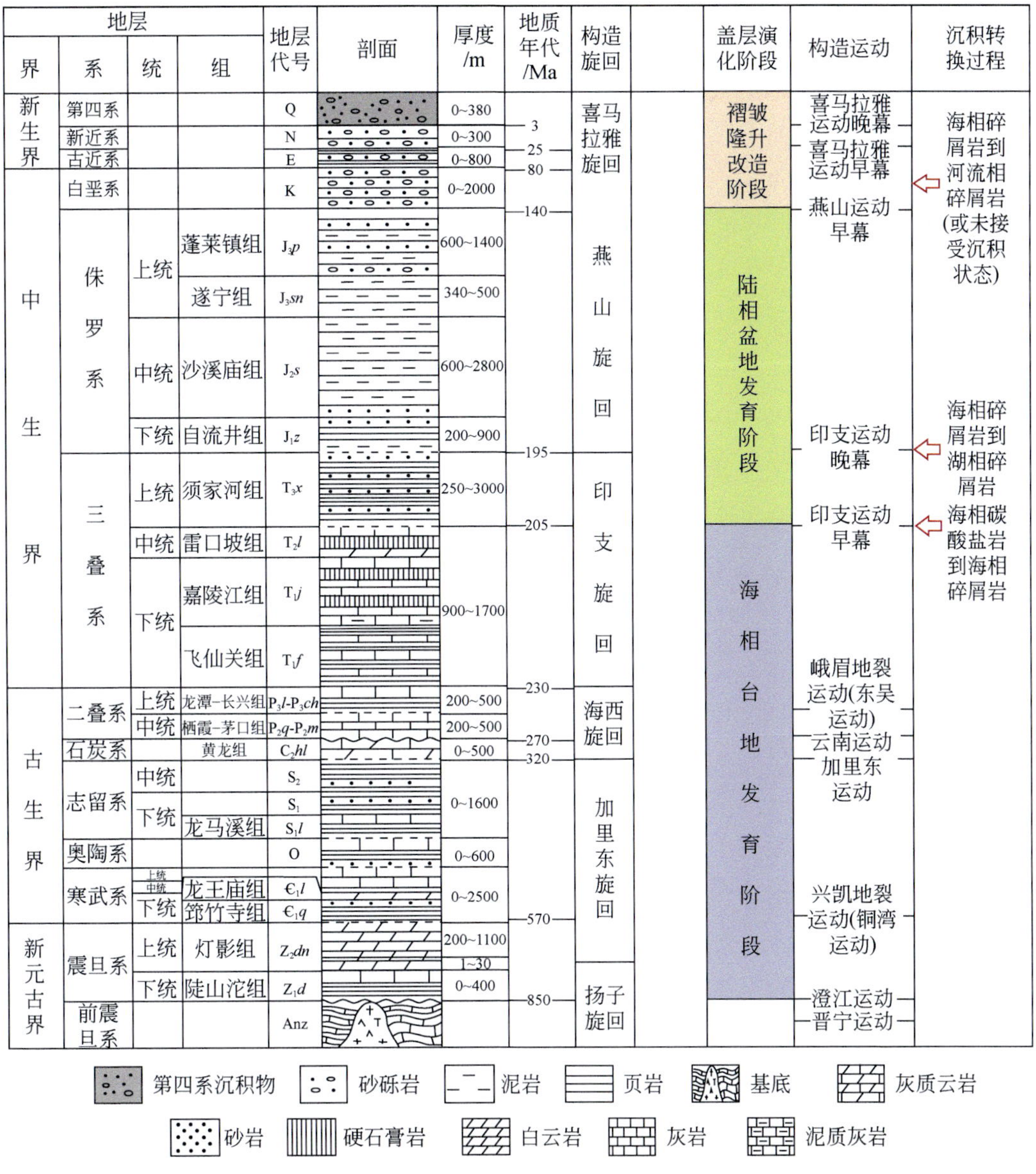

图 2-3　四川盆地地层-构造运动简图（据刘树根等，2016，2020；何登发等，2011）

第四节　区　域　构　造

一、四川盆地地貌特征

四川盆地地处青藏高原东侧，为中国地势第二级阶梯上相对低洼的部分。盆地四周为高山环绕，西有龙门山、邛崃山，北有米仓山、大巴山，东有齐岳山、大娄山，南有峨眉山、大凉山；盆地内部则主要为平原、丘陵和低山地貌，地势北高南低。以龙泉山、华蓥山为界，盆地内部地形地貌显示出明显的三分特点：①龙泉山以西为川西平原区，亦称为成都平原，面积 6000 km²，海拔 450~750 m，地势由北西向南东降低，地表平坦，相对高差一般不超过 50 m。成都平原是盆地内主要的第四系覆盖区，系由断裂下陷和河流冲积而成，最大厚度逾 500 m。②龙泉山和华蓥山之间为川中丘陵区，地势低矮，海拔多在 300~500 m，相对高差 50~150 m。川中丘陵区主要出露侏罗系和白垩系红层，岩层近于水平，地势由北向南降低，南部多浅丘，北部切割相对较深，多深丘。③华蓥山以东为川东岭谷区，由许多大致平行、北东-南西走向的条状山体及其间的宽谷组成。山地为陡而窄的背斜带，海拔一般在 700~1000 m，出露二叠系、三叠系，其中华蓥山最高峰海拔 1704 m，出露最老地层是寒武系。山地间的谷地为宽而缓的向斜带，出露侏罗系，多低丘与平坝，海拔 300~500 m。

二、四川盆地地表变形特征

四川盆地内部的地表构造形迹受周边多个方向构造带多期活动影响，显示出多期多组构造复合-联合的复杂构造格局。尽管如此，以乐山-龙泉山-阆中-南江一线和宜宾-华蓥山-达州一线为界，仍显示出明显三分的特点。龙泉山-南江一线以西至龙门山前缘的区域为川西区，主体构造为北东向，显示主要受龙门山冲断活动的控制。北段受米仓山构造活动的影响，发育近东西向构造，同时呈现有北东向和东西向构造的复合联合，如绵阳弧形构造和德阳附近的孝新合构造。南段受康滇南北构造带影响呈现北东向和近南北向构造的叠加。龙泉山-南江一线以东至宜宾-华蓥山-达州一线为川中区，地表构造总体较为平缓，总体呈现北东向和北西向构造的复合联合叠加，局部发育东西向构造。龙门山冲断构造对川中区的影响已明显减弱，而更多地呈现出受川东构造带的控制，并叠加大巴山和盆地西南缘断褶带影响下的北西向构造。营山断裂以北至大巴山前缘北东向和北西向构造的横跨叠加良好地展示了这种关系，而所谓的"平昌旋卷构造"也可能是这两组构造相互迁就相互限制的结果（乐光禹，1996）。营山背斜以南至威远穹隆北沿，是叠置于川中隆起之上的短轴背斜发育区，通常被描述为近东西向构造，但从南充、武胜等地的弧形构造形迹来看，更可能是北东向、北西向和东西向三组构造的联合所致。川中隆起以南至威远背斜间的安岳一带实为走向北西的宽缓大向斜，只叠加有很少的北东向局部构造。威远背斜总体显示北东东走向，其形成除了与基底隆起有关外，处于北东和北西两方向正性构造的叠加部位也可能是重要因素。威远背斜以南主体为一叠加北东向构造的北西向大型向斜，并发育有近东西向构造。宜宾-华蓥山-达州一线以东至齐岳山断裂间为川东区，以发育北东至北北东向平行相间排列的狭窄背斜和宽缓向斜为典型特征，构造走向自北向南由近东西向转为北北东向再转为近南北向。北段受大巴山弧和八面山弧联合控制形成向东收敛、向西撒开的"收敛双弧"。中段即通常所称的川东高陡构造带，以北北东向隔挡式平行褶皱为特征，北端受大巴山弧影响向东偏转，南端受大娄山断褶带的影响向南偏转。南段泸州至贵州习水一带总体显示北东、东西和南北三向构造的复合联合叠加。

三、四川盆地基底特征

据重磁资料解释和盆地周边出露的基底岩石推断，四川盆地的前震旦纪基底具有双层结构：下部的结晶基底以太古宇—古元古界康定群为代表；上部的褶皱基底以中元古界黄水河群和新元古界板溪群为代表。平面上，盆地基底由周边深断裂围限显示出明显的菱形轮廓，自西向东由龙门山断裂、龙泉山断裂、华蓥山断裂和齐岳山断裂分割成北东向展布、特征各异的川西、川中、川东三大块体。其中，川中块体可能由康定群及更老基性-超基性岩构成，缺乏上部的褶皱基底，属单层基底结构，在古元古代末就已固化，构成盆地基底的川西块体和川东块体均具有双层结构，川西块体褶皱基底可能由中元古界变质火山-沉积岩系构成，川东南块体褶皱基底则大部为新元古界板溪群浅变质沉积岩，两者形成时代相对较新，大致为晋宁期（10亿～8亿年），硬化程度相对较弱。基底轮廓和硬化程度的差异对后期沉积盖层的发育和构造变形具有明显的控制作用，表现在川中块体相对稳定，隆起明显，盖层较薄，变形较弱；而川西和川东块体则相对活动，拗陷较深，盖层较厚，变形较强。此外，现今盆地的地表构造形迹也显示出与基底轮廓良好的对应性，可见构造变形的三分性很大程度上受控于基底结构的三分性，并由此控制了地形地貌的三分性。

四、四川盆地主要断裂带

地壳地震测深及野外实测资料显示，四川盆地及其邻区发育6条最主要的区域性大断裂带：龙门山-攀西区断裂带、龙泉山区断裂带、武陵山-雪峰山区断裂带、七曜山-金佛山-大娄山区断裂带、华蓥山区断裂带和米仓山-大巴山区断裂带（刘德良等，2000）。上述断裂切深较大，断开层位较多，常是区域性构造分区界线。除米仓山-大巴山区断裂带为北西向（近东西向）外，其余均以北东向为主。

五、四川盆地构造单元划分

由于四川盆地的基底各处不同，古构造隆拗对盖层沉积控制不一，后期构造变形强度和构造样式各地也存在差异，多期次和长期形成演化的区域性大断裂对地块划分起着决定性作用，依据盆内龙泉山和华蓥山两大断裂带，可将四川盆地划分为川西、川中和川东三大地块。

川西区指龙门山推覆造山带与龙泉山隐伏断裂带之间的广大区域，面积达 $4.3\times10^4\ km^2$，是四川盆地中、新生代厚层沉积拗陷区。基底由深变质康定杂岩构成，其上不整合覆以 6 km 厚下震旦统苏雄组，因中元古代至海西中期隆起，缺失中寒武统至石炭系，晚三叠世后本区长期处于沉降环境，自晚三叠世至第四纪有厚 6～7 km 陆相碎屑沉积。由于本区变形应力大部分在盆缘龙门山-攀西带释放，故地块内部中、新生代地层变形程度低，褶皱平缓，断裂不多，规模不大。北段有中坝、海棠铺、唐僧坝等背斜群；南段有龙泉山、盐井沟、熊坡、务中山、高家场、三合场等雁行背斜群形成。

川中地块指龙泉山断裂带与华蓥山断裂带间的广大区域，面积达 $7\times10^4\ km^2$，内可细分为川中遂宁南充区（面积为 $4.6\times10^4\ km^2$）和川西南威远自贡区（面积为 $2.4\times10^4\ km^2$）。本区基底隆起高，海相中、古生代沉积和陆相中、新生代沉积总厚度均薄，全区缺失泥盆系至石炭系，局部地段还缺失寒武系、中-上三叠统、白垩系及以上地层。古元古代末构造热事件使本区克拉通化形成古陆核后，地块时沉（接受沉积）时隆（剥蚀缺失），但幅度小，以长期隆起态势为主，地块固结刚性强，故盆内构造变形最弱，褶皱和缓、断层少，构造裂缝不甚发育。

川东地块指华蓥山断裂以东与七曜山-大娄山断裂带以西区域，面积达 $7.7\times10^4\ km^2$，内分川东重庆区（面积为 $5.5\times10^4\ km^2$）和川南泸州区（面积为 $2.2\times10^4\ km^2$，包括川滇黔分区），是盆地内褶皱断裂最强烈的地区。地块具双基底特征，晋宁构造热事件后，逐步沉降接受浅海台地相沉积，加里东—海西运动地块轻度抬升，造成泥盆系至石炭系部分缺失，盖层中海相沉积层可达 5～6 km。印支运动结束海相沉积而转入陆相沉积史，由于燕山－喜马拉雅运动影响，本区受东南方向挤压递进变形影响形成一系列薄皮式褶皱和断裂。川东重庆区呈北北东-北东-北东东向弧形分布排列，如华蓥山、铁山、铜锣峡、七里峡、照月峡、大天池、南门场、黄泥堂、大池干井、方斗山等一系列高陡背斜构造带，主背斜高点一般出露中-下三叠统及古生代地层。它是该区天然气的主产构造。而川南泸州区褶皱变缓，平面呈帚状撒开排列，至川滇黔分区变为北东东和近东西向排列，均以低缓背斜为主，其潜伏构造亦是天然气有利聚集区带和主要构造区。

在川西、川中和川东三大地块的基础上划分出 6 个构造单元。

1. 川东高陡背斜构造单元

位于华蓥山断裂以东、七曜（金佛山-大娄山）断裂以西，是以大断裂所控制的高背斜带为主体的平行褶皱区。区内发育 7～8 排弧形山脉。

现今构造为北北东及北东向隔档式褶皱，背斜狭窄，向斜宽缓，另外还见有南北向或东西向构造干扰，彼此斜接复合，融为一体。主干背斜与大断裂相伴生，自西而东有华蓥山、铜锣峡、明月峡、云安场、方斗山、七曜山等高背斜带，其间还有南门场、卧龙河、大池干井等相对比较低缓的背斜带。华蓥山背斜出露的最老地层为寒武系，其他背斜多出露二叠系、三叠系，向斜中为侏罗系红色地层。由于地层挤压较剧烈，向地腹深处断层增多，背斜多变尖、变陡，甚至倒转。但是，近年来地震勘探资料表明，下古生界构造有变缓的趋势出现。

加里东和海西期均处于鄂湘黔拗陷的西北翼斜坡。印支期沿华蓥山形成了北东向巨型隆起带。侏罗纪后，随着东侧的古陆不断抬升和扩大，本区成为其前缘的一个拗陷区。

2. 川北宽缓背斜构造单元

加里东期是介于乐山-龙女寺隆起和鹰嘴崖、天井山隆起之间的一个拗陷带。早印支运动后，保留了较全的中三叠统雷口坡组，表明区内为一相对的沉降区。继而受西侧和北侧隆升的影响，沿龙门山、大巴山前缘形成了以中生代沉积为主的凹陷，沉积了厚达 6000~7000 m 的陆相地层，其中心在通江、巴中一带，且北陡南缓。

喜马拉雅运动早期发生褶皱，地表构造多平缓。根据构造延伸方向、构造形态和上下变异等特点，进一步分为三个构造小区。

九龙山北东向构造小区：以梓潼向斜为中心，西侧紧邻龙门山断褶带，有河湾场、双鱼石等背斜构造，东侧有九龙山背斜构造，向南西方向倾伏还出现有柘坝场等穹窿构造。另外，据地震资料查明，在广元、旺苍之间的二叠、三叠系还有一组东西向呈块断形式出现的构造带，按其走向追踪应系大两会背斜西倾末端的自然延伸。

涪阳坝北西向构造小区：受大巴山断褶带影响明显，主要为北西向延伸的构造线，如涪阳坝、天井坝等背斜以及一些鼻状构造。另外，区内受北东向构造干扰也较明显，如涪阳坝构造在地腹三叠系背斜轴即为北东向，与南阳场构造共同组成了北东向的背斜带。

平昌旋卷构造小区：邻近川中隆起区北缘，多为一些小而低缓的穹窿构造，方向散乱，夹持在几组不同方向线的构造之间，形似旋卷构造。

3. 川中低平构造单元

位于龙泉山断裂带东侧、华蓥山断裂带以西。地表发育侏罗系大面积分布，二叠系以上地层向北西倾斜的单斜层。构造极平缓，微弱起伏，以近东西的构造为主，北西和北东向断裂也很明显。主要背斜有龙女寺、南充、广安、营山、八角场等，多属穹窿型构造，其间隔以向斜。另外，还有一些鼻状构造和小的穹窿构造，如位于龙女寺构造北翼外围的蓬莱镇-大石-立场台褶就是一例。在武胜、合川一带，因紧邻东侧的华蓥山，受其影响背斜多转为北东向延伸。区内局部构造褶皱幅度一般较弱，构造宽平，断裂少，向地腹深处变小变弱，一般在上三叠统香溪群以上与地面构造吻合性较好，以下则除主干背斜外均逐渐消失。

因此，本区在加里东期处于隆起部位，印支期和燕山期均为向北倾的斜坡，现今构造受华蓥山背斜带影响，东部抬升较高，向西逐渐倾伏。

4. 川西低隆构造单元

位于龙门山马角坝断裂和彭灌断裂以东，龙泉山断裂以西，区内从晚震旦世至第四纪沉积连续。中南部构造以北东向为主，北部（绵阳以北）逐渐转为东西走向为主。现今构造呈雁行排列，并以凹陷中心为界，其东侧的背斜轴面及断层皆倾向南东，自东而西有龙泉山、苏码头、三苏场、熊坡等背斜带；西侧的背斜轴面及断层倾向北西，主要有三合场、高家场、雾中山等背斜。在江油附近，因紧邻龙门山断褶带，在印支期已有局部构造形成，喜马拉雅期再次褶皱定型，故上下两期构造形态不吻合。

区内的南端与峨眉山、凉山块断带接壤处，出现了总岗山等南北向构造，经地震勘探发现，往北在洪雅、蒲江一带地腹亦有南北向的大型隆起构造的存在。它说明在本区除北东向构造外，南北向的构造形迹也具有一定影响。另外，褶皱强烈，逆掩断层发育，上下构造形态变异较大，也是区内构造的一个特点。如地震资料反映，龙泉山和熊坡等背斜构造皆属断面之上北东向的表皮褶皱，地腹深处大都变为单斜或鼻状隆起，情况比较复杂。

加里东期地处乐山-龙女寺隆起带抬升的最高部位，志留系、奥陶系全被剥蚀，二叠系与下伏寒武系直接接触。中三叠世以后，为龙门山前缘凹陷，沉积了近6000 m的中新生代陆相地层，邻近山前带发育的磨拉石建造，中心在大邑、名山一带，西陡东缓，呈北东向延伸。本区褶皱的主要时期是早喜马拉雅运动，但新近系也发生变形，说明晚喜马拉雅运动在本区也有一定的活动规模。

5. 川西南古隆起构造单元

位于龙泉山断裂以东，川东和川南侏罗山式褶皱西界以西，包括威远背斜和原自流井凹陷等。现今构造中威远背斜涉及范围最大，也是盆地内首屈一指的大构造，区内的穹窿背斜主体东西走向，复合改造呈北东走向，背斜之上部范围较大，向下渐小变得平缓，核部已出露下三叠统。其他比较重要的构造有自流井、兴隆场、邓井关等几排构造，多为似梳状和膝状构造，核部出露上三叠统和中-下侏罗统自流井群。它们自北东向南西方向逐渐下倾，并在大片白垩系露头分布区幅度减弱，如观音场、大塔场、青杠坪等构造。

加里东期处于乐山-龙女寺隆起南翼斜坡；印支期处于泸州古隆起西侧斜坡。燕山期受北西向断裂控制，为白垩系沉降区，反映本区在长期地史发展中变异较大。

6. 川南低缓背斜构造单元

位于川东高褶带以西，是华蓥山断褶带向西南延伸、呈帚状撒开的雁行式低背斜群。加里东期为拗陷区，印支期为泸州古隆起的主体部位，是中生代以来的隆起区。

现今构造以华蓥山背斜为主体，向南逐渐分支，有温塘峡-临峰场、沥鼻峡-六合场、东山-坛子坝、西山-龙洞坪、古佛山-南井、螺观山-广福坪、青山岭-双河场等构造带。主体山脉走向北北东，由二叠系、三叠系及更老地层组成狭窄背斜，侏罗系和更新地层组成平缓的向斜，总体以侏罗山式隔档褶皱为主格局。各个构造带北高南低，北半段褶皱强，断层发育，为狭长梳状构造，轴部多出露三叠系，向南延伸褶皱逐渐减弱，断层少，为膝状和丘状构造，轴部出露自流井群和沙溪庙组。过泸州以南，受盆地南缘娄山断褶带影响，为东西向构造分布地区，主要有高木顶、长垣坝、纳溪等构造带。其中以长垣坝构造带为突出代表，由一系列呈串珠排列的穹窿背斜构造组成，并伴随有东西向断裂。此外，区内还有南北向的一组构造，如庙高寺、合江等背斜构造。各组系构造之间互相影响，呈反接或斜接复合，为形成众多的气藏圈闭创造了良好条件。区内的局部构造在垂向上由上向下褶皱增强，构造变窄，断层增多，特别是地腹二叠系构造往往出现多高点、多断块。

第五节　区域岩相古地理

根据区域大地构造和岩相古地理背景分析，四川盆地主要为碳酸盐岩局限海-蒸发台地（膏盐岩）沉积体系。在每一个沉积旋回中，都经历了海进与高水位体系域的沉积。不同体系域沉积物截然不同，特别是高水位体系域又分早晚期，这样沉积微环境的变化就影响了矿产资源的分布。因此考虑到盐岩研究的需要，以层序地层学中的体系域为研究单元，将四川地区嘉陵江组主要划分出 3 个沉积相及多种亚相及微相（表 2-1）。

表 2-1　川东地区嘉陵江组、雷口坡组沉积相及微相类型划分表

沉积相	沉积亚相	沉积微相
开阔台地	台内洼地	台洼
	台内滩	浅滩、点滩、潮沟
局限台地	潟湖	云质潟湖、膏质潟湖
	局限台坪	泥云坪、云坪、灰云坪、云灰坪、灰坪
蒸发台地	蒸发潮坪	膏盆、盐盆
		云膏坪、膏云坪

一、开阔台地相

开阔台地海水盐度属基本正常到略为偏高，水体深度数米至数十米不等，水体浅

处发育台内浅滩，水体深处发育开阔台地，因地形平缓其内海水循环属中等，大量有机物和泥质沉积，发育灰岩、云质灰岩、砂屑灰岩、泥晶灰岩、泥晶藻灰岩、生屑灰岩及含颗粒泥晶灰岩等。水体环境利于微生物繁育，发育大量藻类、珊瑚、海百合、腹足类、介形虫、蜓、瓣鳃类、棘皮类及有孔虫等。

（一）台内洼地亚相

台内洼地为开阔台地上生屑滩之间的低洼区，毗邻台内缓坡，生物稀少，能量相对生屑滩更低，岩石中生屑颗粒含量较低而灰泥含量较高，生屑呈原地堆积，同时岩石常含有一定量的泥质和有机质。主要岩性为灰色、深灰色（含）生屑微晶灰岩、泥晶灰岩，常发育水平纹理。

（二）台内滩亚相

发育在开阔台地内部，处于古地貌中海拔较高的位置，因为该处水体活动剧烈，例如潮汐、波浪等长期影响其沉积，导致浪基面为其沉积界面，沉积物大多为分选较好的颗粒物。按照不同的沉积物来说，可分为生屑滩、鲕粒滩等类型。岩性以颗粒岩为主，岩石类型以生屑灰岩、砂屑灰岩为主，出现膏岩团块。由于沉积时期水流作用强烈，冲刷面、各种交错层理及波状层理常见。台内滩呈透镜状展布，厚度通常相对较小，具有垂直方向上厚薄不一，水平方向上展布杂乱的特征。

二、局限台地相

局限台地海底地形坡度较低缓，水体深度零米至数米不等，浅部发育云坪，深部发育泥云坪，深处于高潮线与低潮线之间的地区（潮汐区范围）宽广，且受台洼边缘浅滩及台洼内"台-盆"相间及古水下隆起的影响，台地内水体循环性较差。台地内部主要发育颗粒白云岩、泥晶白云岩、灰质白云岩、粉晶云岩等。局限台地在嘉陵江期—雷口坡期时期不同地域广泛发育（图2-4）。

（一）潟湖亚相

以潮下低能沉积环境为主体，在古地理位置上位于凹陷区域，海水受限但不完全闭塞，水体能量低。典型沉积物为泥晶灰岩和含泥灰岩，偶可见含泥白云岩和泥晶白云岩。局部地区或层段夹薄层石膏及其透镜体，还常夹一些薄层和薄-中层的颗粒石灰岩。发育有水平纹层层理，生物以有孔虫、腹足类和瓣鳃类为主。在剖面结构上，潟湖在海退阶段向上变浅，演化为粒屑滩和台坪沉积。

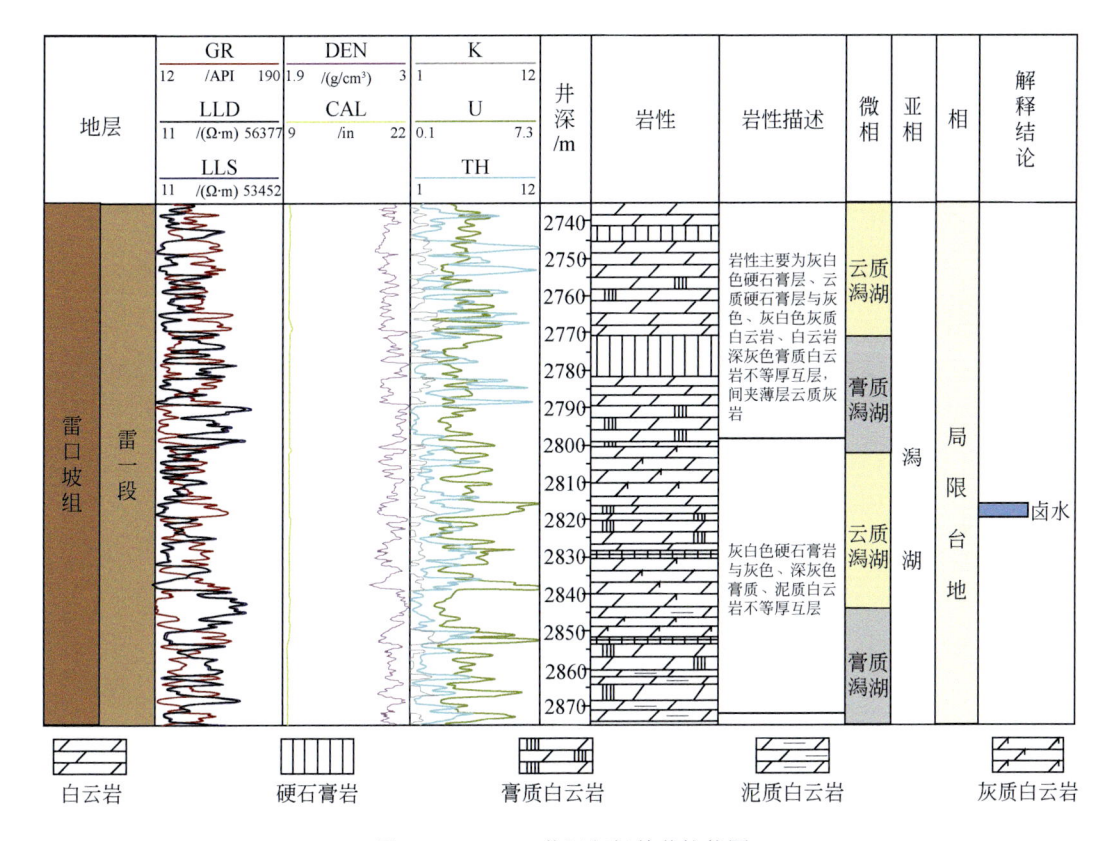

图 2-4 DW102 井沉积相单井柱状图

（二）局限台坪亚相

处于局限台地内的水下高地，沉积界面位于海平面附近，长期性或周期性露出水面，岩石中可见红褐色、灰黄色等氧化环境下的沉积产物。受平均海平面周期性变动的影响，台坪亦具有潮坪的典型沉积特征，如发育角砾状、层纹状构造，波痕构造，波状层理，鸟眼构造等，有时也可在白云岩内见到纤柱状石膏溶蚀后形成的针状孔。以中层至薄层状粉晶白云岩与泥晶白云岩互层相占优势，主要岩石类型包括灰色泥晶、微晶云岩，红褐色白云岩以及泥质白云岩。依据沉积物组分不同，可细分为云坪、泥云坪、砂质云坪、硅质云坪、灰云坪等沉积微相。

三、蒸发台地相

蒸发台地发育在海平面相对低的时期，台地内部与广海之间受到阻隔，海水流通及循环性低，气候炎热干旱，蒸发强烈形成大量蒸发岩。台内以膏岩、泥质白云岩、膏质白云岩、膏溶角砾岩等岩性为主，泥裂、角砾化等暴露性沉积标志明显。蒸发台地主要分布于嘉二、嘉四、嘉五段和雷一、雷二、雷四段地层中，其中膏盐盆为最有利的聚盐场所（图 2-5）。

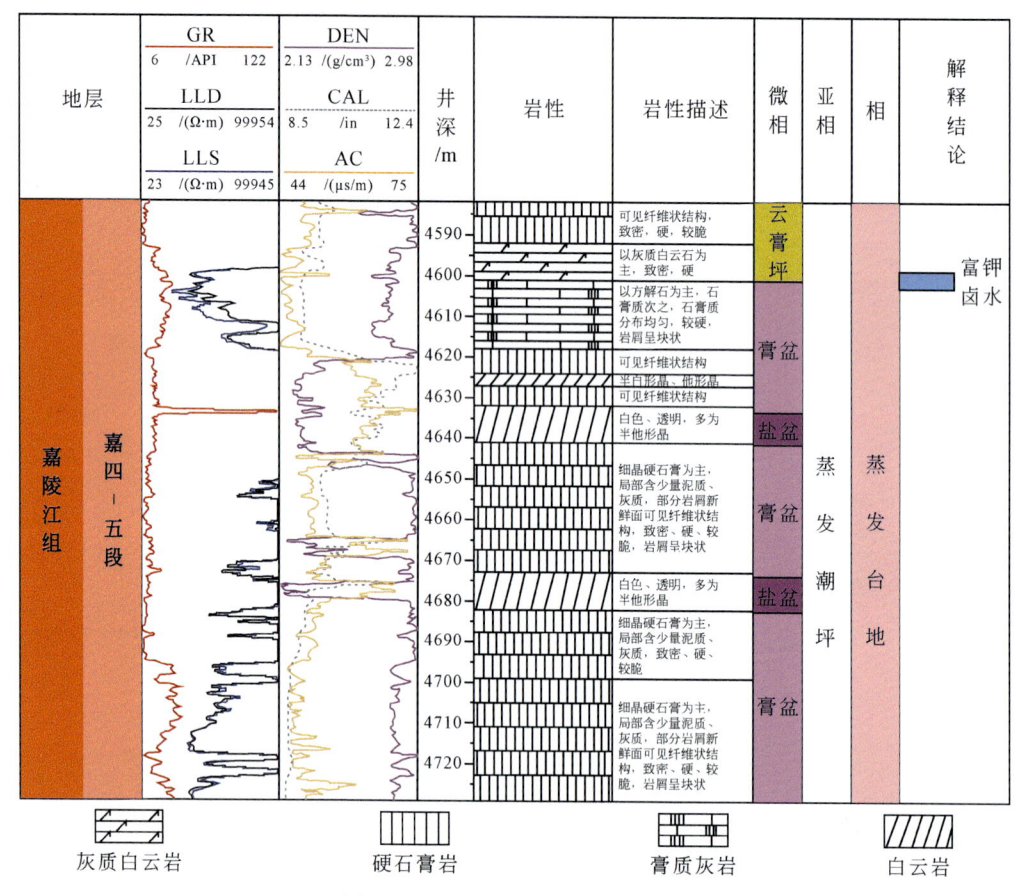

图 2-5 PG4 井沉积相单井柱状图

研究区主要发育蒸发潮坪亚相。蒸发潮坪指以潮间-潮上带沉积为主的地区。由于气候干旱、蒸发作用强，形成大量硬石膏、膏质白云岩及泥晶白云岩、泥岩。除藻类外其他生物稀少，局部地区可见颗粒岩，以砂屑石灰岩（白云岩）为主。沉积构造以水平层理、藻纹层、干裂、鸟眼及结核为主。

四、岩相古地理演化

（一）嘉陵江期

结合前人的研究资料，本次研究在编制单井沉积相柱状图、地层厚度等值线图等图件的基础之上，将四川盆地嘉陵江期划分为 8 个阶段，运用沉积学基本原理、岩相古地理图编制方法，编制了相关的岩相古地理图，并分析了它们各自的特征及嘉陵江期岩相古地理之演化。

1. T_1j^1-T_1j^{2-1}期

四川盆地早三叠世 T_1j^1-T_1j^{2-1}期，主体沉积环境为开阔海台地（图2-6），川东地区基本继承了印支早期的岩相古地理格局。经历了嘉陵江初期较大规模海侵后，海平面缓慢上升，因此总体处于高水位期。由南西石龙峡、东溪一带往北东向渐次增厚，在宣汉-达川-开江一带形成沉积中心，从铁山坡、五宝场一线往北又逐渐减薄。此沉积厚度的分布格局，与飞仙关组较为一致，特别是开江-梁平海槽范围内也正是 T_1j^1-T_1j^{2-1} 沉积最厚的地区，反映了沉积-构造格局的继承性。

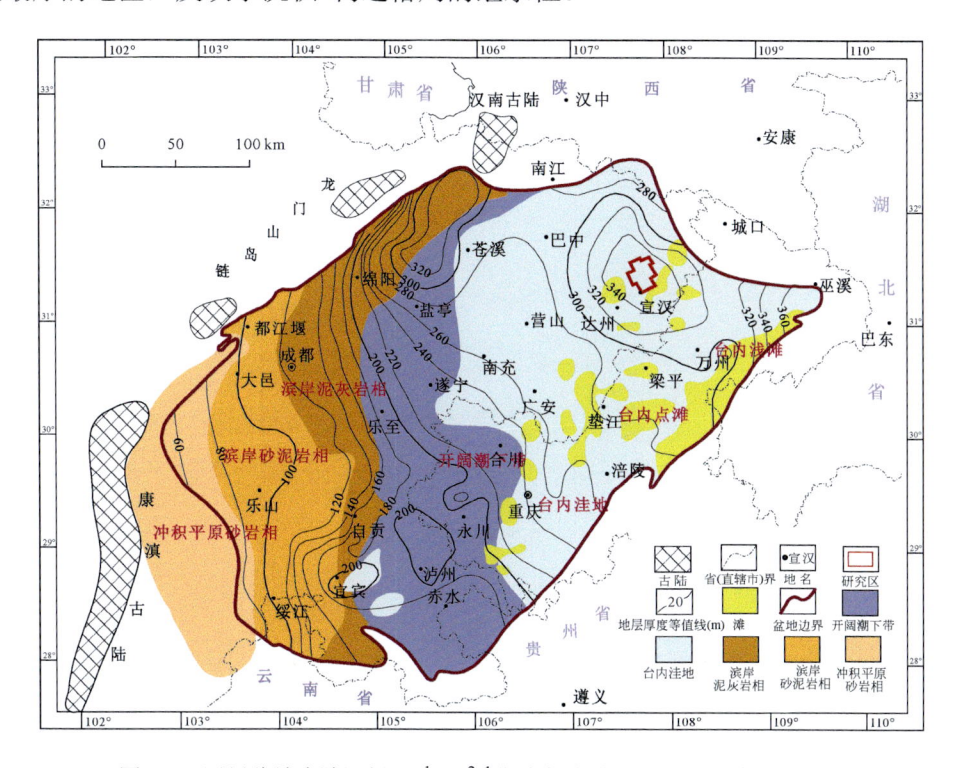

图2-6 四川盆地嘉陵江组 T_1j^1-T_1j^{2-1} 期岩相古地理图（红框为工作区）

2. T_1j^{2-2}期

四川盆地早三叠世 T_1j^{2-2}期，主体沉积环境为局限海台地-蒸发潮坪（图2-7），此时海平面比较稳定，并开始呈韵律脉冲式缓慢下降，但总体处于高水位，沉积厚度比较稳定。由南西关圣场、铁厂沟一带往北东向平缓增厚，在宣汉-达川-开江一带形成沉积中心，厚60 m，T_1j^{2-2}沉积初期海水较深，呈地势低洼的潮下低能环境。此沉积厚度的分布格局，与 T_1j^1-T_1j^{2-1} 较为一致，特别是飞仙关组开江-梁平海槽范围内也正是 T_1j^{2-2}沉积最厚的地区，反映了沉积-构造格局的继承性。

3. T_1j^{2-3}期

四川盆地早三叠世 T_1j^{2-3}期，主体沉积环境为蒸发潮坪（图2-8），海平面在短暂海

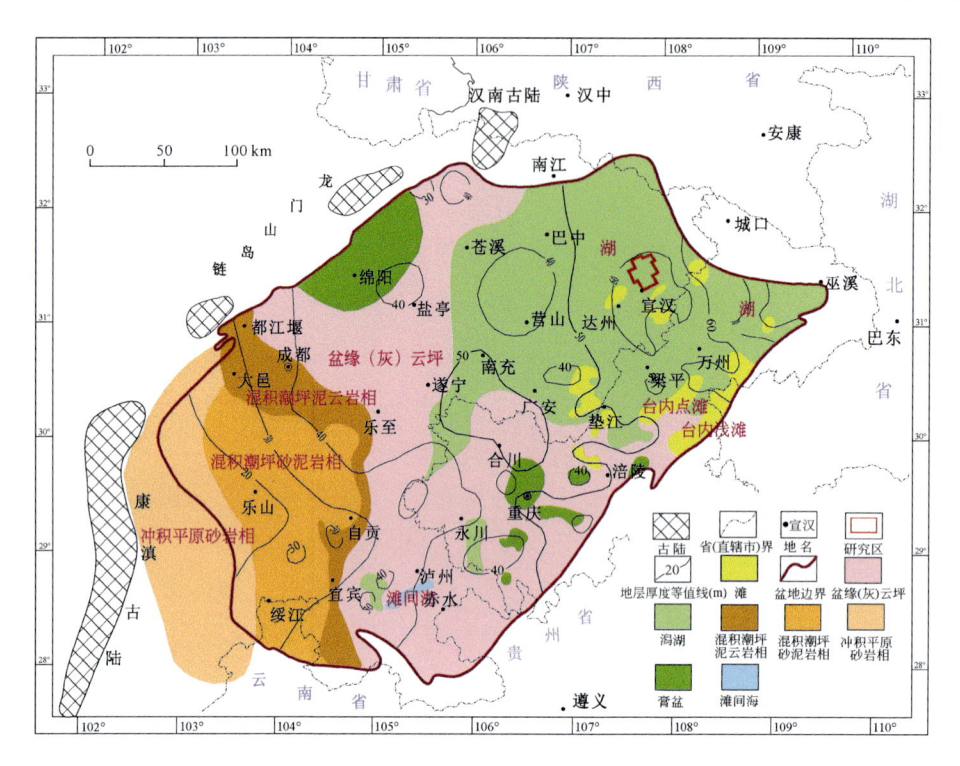

图 2-7 四川盆地嘉陵江组 T_1j^{2-2} 期岩相古地理图（红框为工作区）

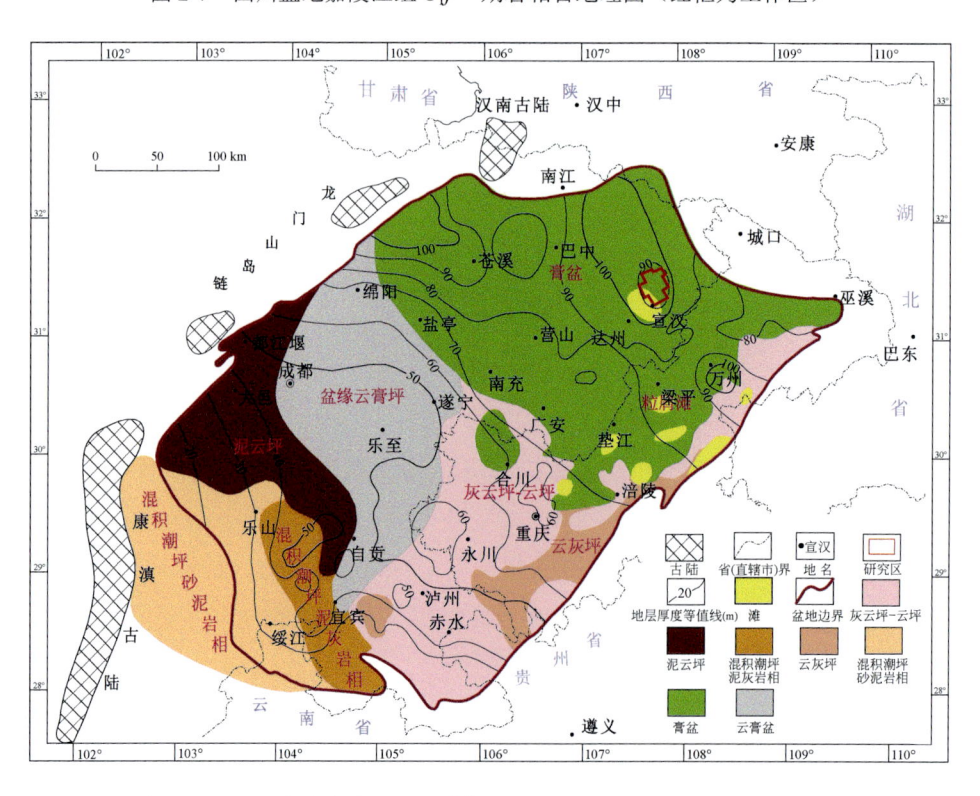

图 2-8 四川盆地嘉陵江组 T_1j^{2-3} 期岩相古地理图（红框为工作区）

进后下降加快，但总体处于高水位。沉积厚度由南西往北东逐渐变大，在宣汉-达川-开江及云阳一带形成沉积中心，厚度大于 90 m，再往北至大巴山前缘，厚度又降至 70 余米。此沉积厚度的分布格局，反映了自 T_1j^1 期以来沉积-构造格局的继承性。

4. T_1j^3-T_1j^{4-1} 期

四川盆地早三叠世 T_1j^3-T_1j^{4-1} 期，主体沉积环境为开阔海台地（图 2-9），经历了嘉陵江期影响范围最广的一次海侵。沉积厚度依然由南西向北东增大。由南西石龙峡、东溪一带往北东向渐次增厚，在宣汉-开州-奉节一带形成沉积中心。从沉积厚度看，总体呈北东向单斜。

5. T_1j^{4-2} 期

四川盆地早三叠世 T_1j^{4-2} 期，主体沉积环境为台地蒸发岩相（图 2-10），并且相对于 T_1j^{2-2}-T_1j^{2-3} 期而言，气候更干旱，蒸发作用更强，且环境闭塞。此时海平面降低，海水变浅且封闭性增强，川东地区和川中地区没有明显的暴露剥蚀或风化现象，川南地区这个时段部分地层已被剥蚀掉，盆缘云膏坪微相为主要相，在剥蚀线附近有一部分云坪微相，在付家庙构造上还可见生物滩，地层沉积厚度为 20 m 左右。总体看来，垫江-梁平-万州地区是膏盆的沉积中心，在其周围分布有数个规模较小的膏盆，走向北东向，基本符合沉积-构造格局。

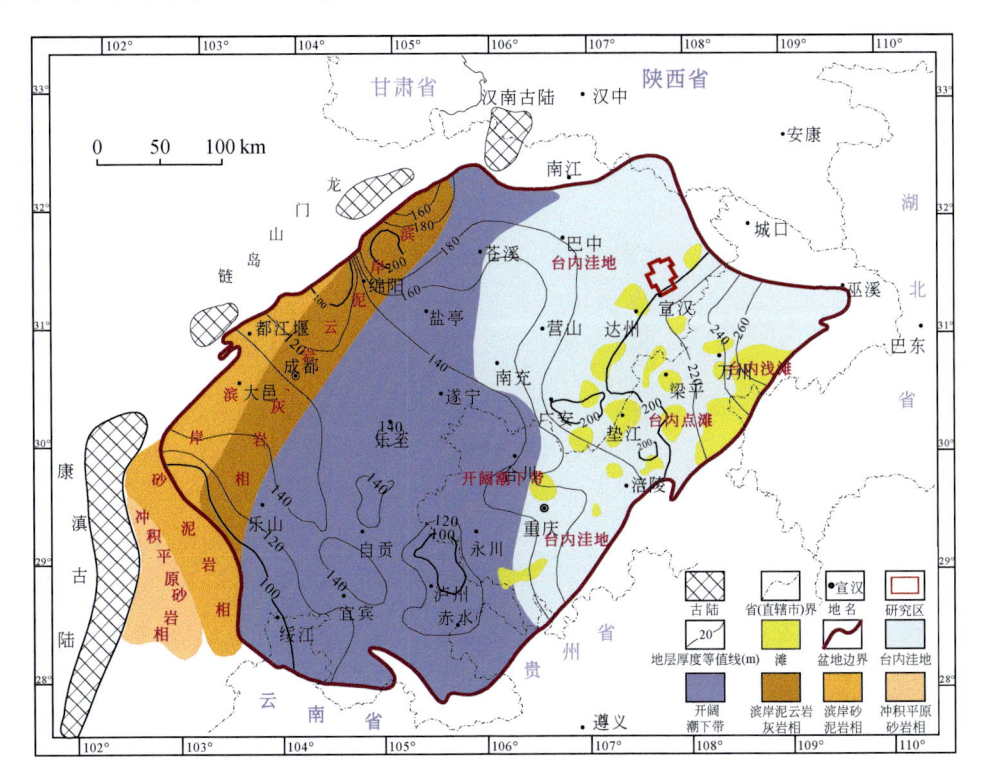

图 2-9 四川盆地嘉陵江组 T_1j^3-T_1j^{4-1} 期岩相古地理图（红框为工作区）

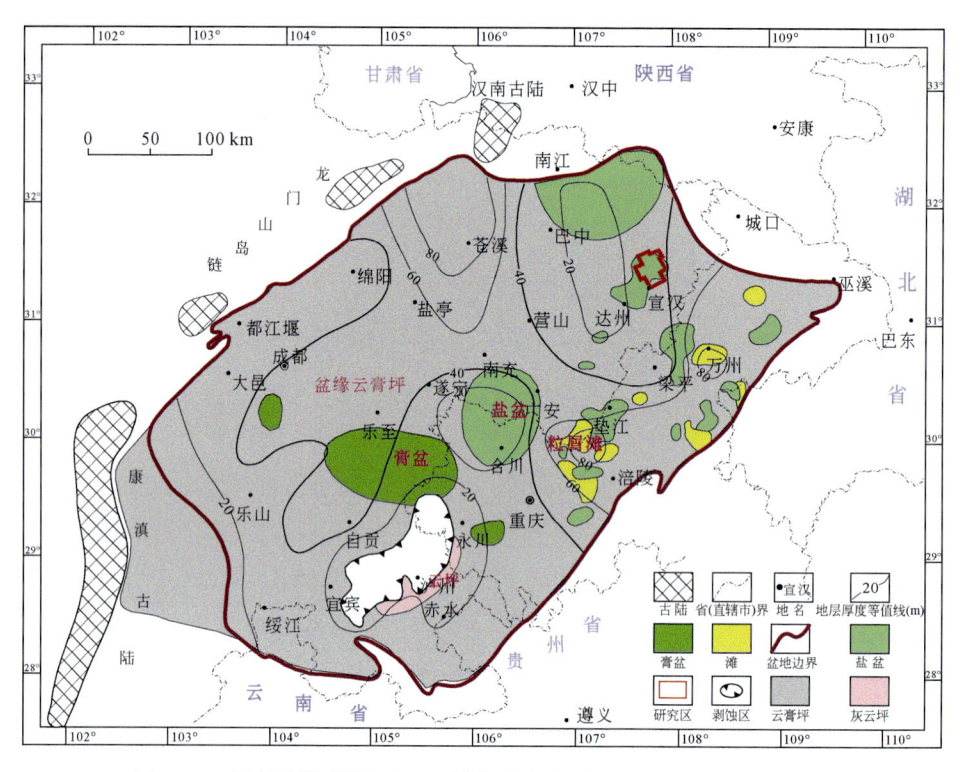

图 2-10 四川盆地嘉陵江组 T_1j^{4-2} 期岩相古地理图（红框为工作区）

6. T_1j^{4-3} 期

四川盆地早三叠世 T_1j^{4-3} 期，主体沉积环境为局限海台坪（图 2-11），沉积厚度比较稳定，西薄东厚。川东北铁山坡-朱家嘴一带仅十余米，甚至无碳酸盐岩沉积。卧龙河-苟家场一带最厚，一般 40 m 左右。向川南地区剥蚀区域进一步扩大，云坪微相为主要沉积相，在付家庙构造区域仍为滩相沉积，这也一定程度上证明了滩体在纵向上的继承性。

7. T_1j^{4-4} 期

四川盆地早三叠世 T_1j^{4-4} 期，主体沉积环境为台地蒸发岩相（图 2-12），此时海平面降低，海水变浅且封闭性增强，为局限封闭炎热气候条件下台地蒸发岩相或蒸发潮坪沉积。区内没有明显的暴露剥蚀或风化现象。川东地区沉积厚度呈周边薄、中部厚的格局，与 T_1j^{4-2} 膏岩层相似，沉积厚度失真较大，这对恢复沉积环境起到限制和干扰作用。总体看来，沉积中心在川东中部，在其周围分布有数个规模较小的膏盐盆。

8. T_1j^{5-1}-T_1j^{5-2} 期

四川盆地早三叠世 T_1j^{5-1}-T_1j^{5-2} 期，川东地区由于隆起剥蚀（图 2-13 和图 2-14），部分地区保存海进体系域（transgressive systems tract，TST）和高水位体系域（highstand systems tract，HST）沉积，T_1j^{5-1} 下部有一次规模较小的快速海侵，形成了一些地区潮下灰岩、云质灰岩沉积，如开江、云阳、丰都及重庆中梁山地区。从 T_1j^{5-1} 到 T_1j^{5-2}，

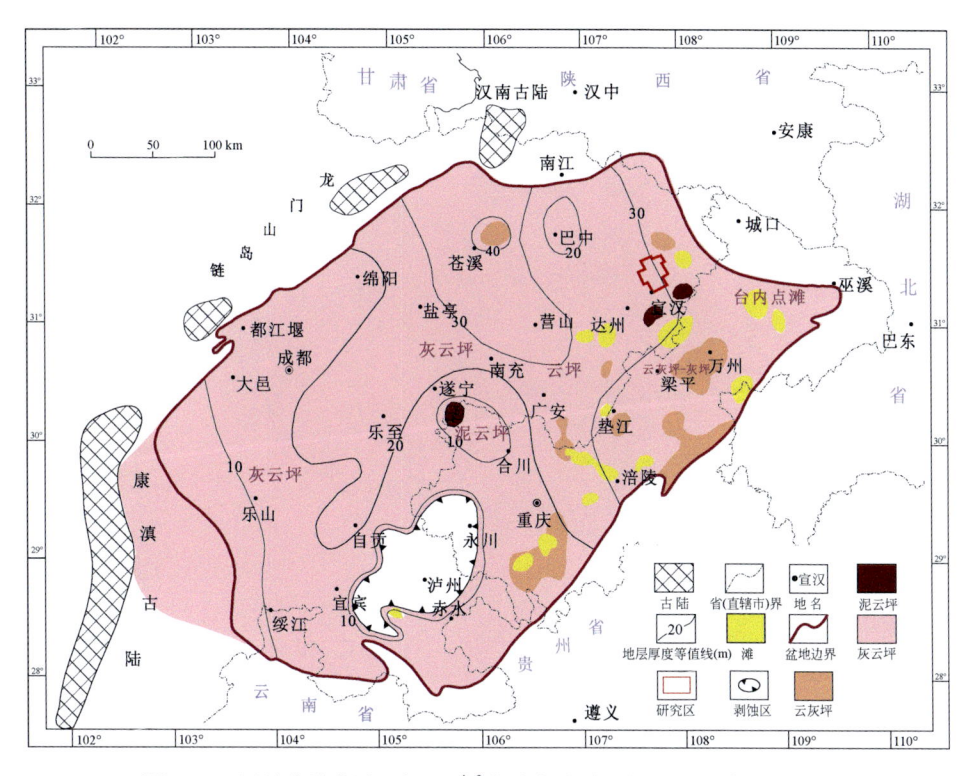

图 2-11　四川盆地嘉陵江组 T_1j^{4-3} 期岩相古地理图（红框为工作区）

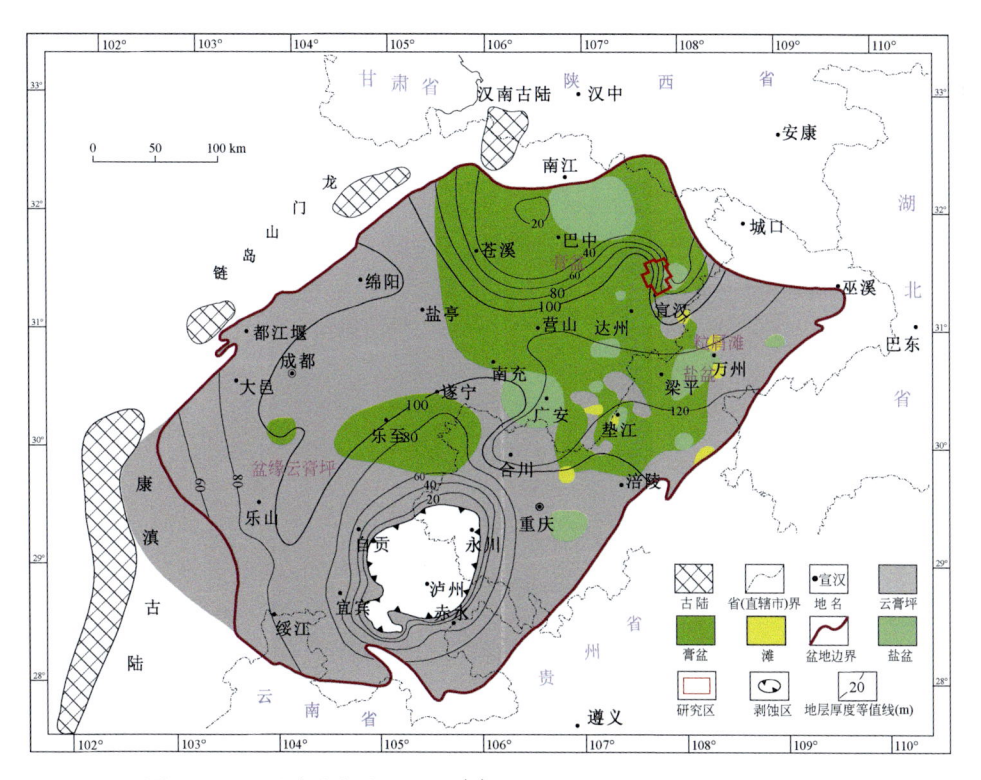

图 2-12　四川盆地嘉陵江组 T_1j^{4-4} 期岩相古地理图（红框为工作区）

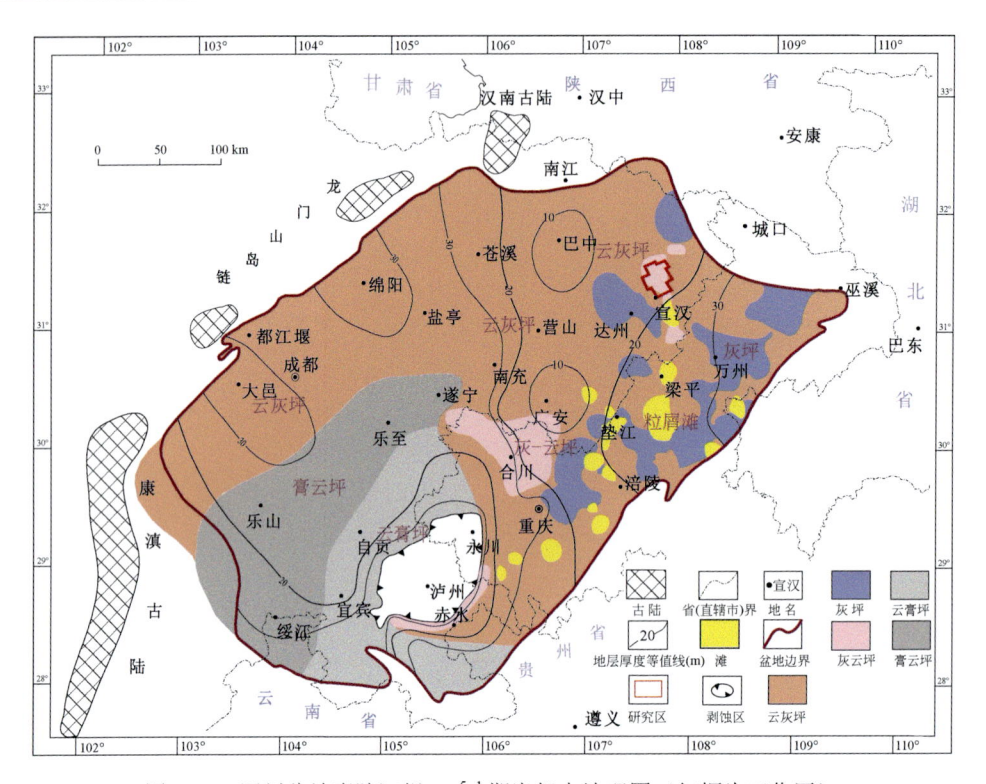

图 2-13 四川盆地嘉陵江组 T_1j^{5-1} 期岩相古地理图（红框为工作区）

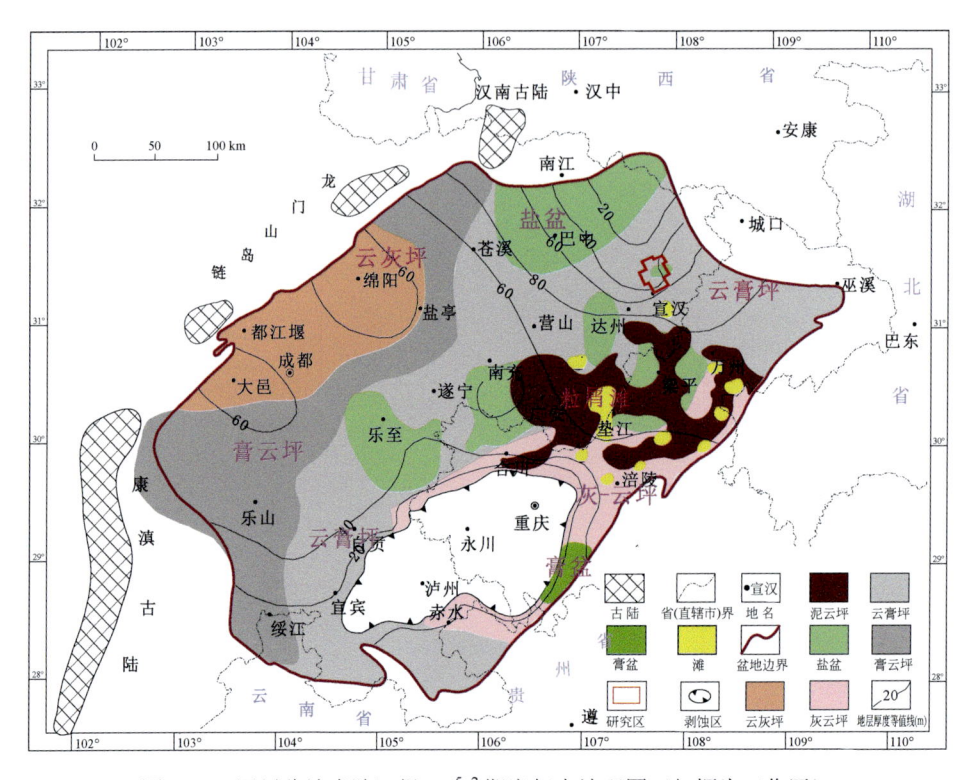

图 2-14 四川盆地嘉陵江组 T_1j^{5-2} 期岩相古地理图（红框为工作区）

总体反映台地膏化、咸化以及干旱化气候环境,且陆源供给逐渐增强,泥质含量普遍提高。川中主要为盐盆沉积。T_1j^{5-1}期川南进一步遭受剥蚀,靠近剥蚀线地区为云膏坪微相,向东逐渐变为云灰坪微相(图2-13),T_1j^{5-2}期盆地南部被剥蚀殆尽,剥蚀区附近主要为灰云坪及云膏坪沉积(图2-14)。

四川盆地嘉陵江期总体上为局限海-蒸发潮坪沉积环境,以局限海相碳酸盐岩与台地蒸发岩(膏盐岩)为沉积主体。在三次海水进退过程中,嘉陵江组的沉积特点表现为台地的浅滩化→局限化→咸化过程。

(二)雷口坡期

结合前人的研究资料,本次研究在编制单井沉积相柱状图、连井剖面图等图件的基础之上,运用沉积学基本原理、岩相古地理图编制方法,将四川盆地雷口坡期岩相古地理分为8个层段来研究,主要研究内容为各层段的岩相古地理特征及演化。

1. T_2l^{1-2}期

四川盆地中三叠世T_2l^{1-2}期,主要发育潮坪-潟湖-台缘滩沉积体系(图2-15),以盆地西北部发育台缘滩、川西南地区保持潮坪沉积、其余地区广泛发育半局限-局限潟

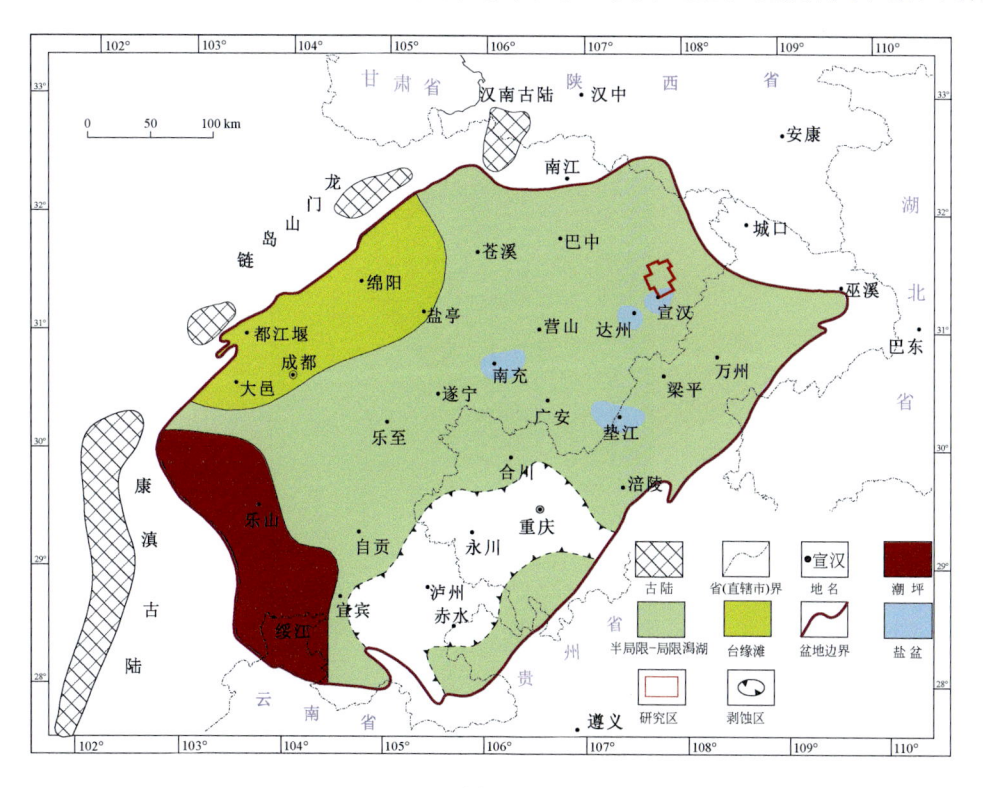

图2-15 四川盆地中三叠世T_2l^{1-2}期岩相古地理图(红框为工作区)

湖为特色。川西北地区台缘滩主要形成于 T_2l^{1-2} 早期，即三级海平面下降初期，主要由砂屑灰岩和砂屑云岩为代表的、反映环境能量较高的颗粒岩组成，累积厚度一般为 20~50 m，主体分布于川西北江油-德阳-大邑一带。在盆地西南临康滇古陆的峨眉山一带仍发育潮坪相，主要沉积砂、泥岩和膏岩。盆地内其余地区发育半局限-局限潟湖亚相，主要由泥晶灰岩、泥晶云岩夹薄层膏岩组成，厚度一般为 10~40 m。继续受泸州古隆起和印支运动引起的抬升剥蚀的影响，在重庆-大足-隆昌-宜宾一带，缺失该期地层。

2. T_2l^2 期

四川盆地中三叠世 T_2l^2 期，主要发育台内滩-潟湖沉积体系（图 2-16），以盆地西北部发育台缘滩、其余区域广泛发育蒸发潟湖、半局限-局限潟湖为特色。其中靠近康滇古陆一侧发育泥云坪沉积。

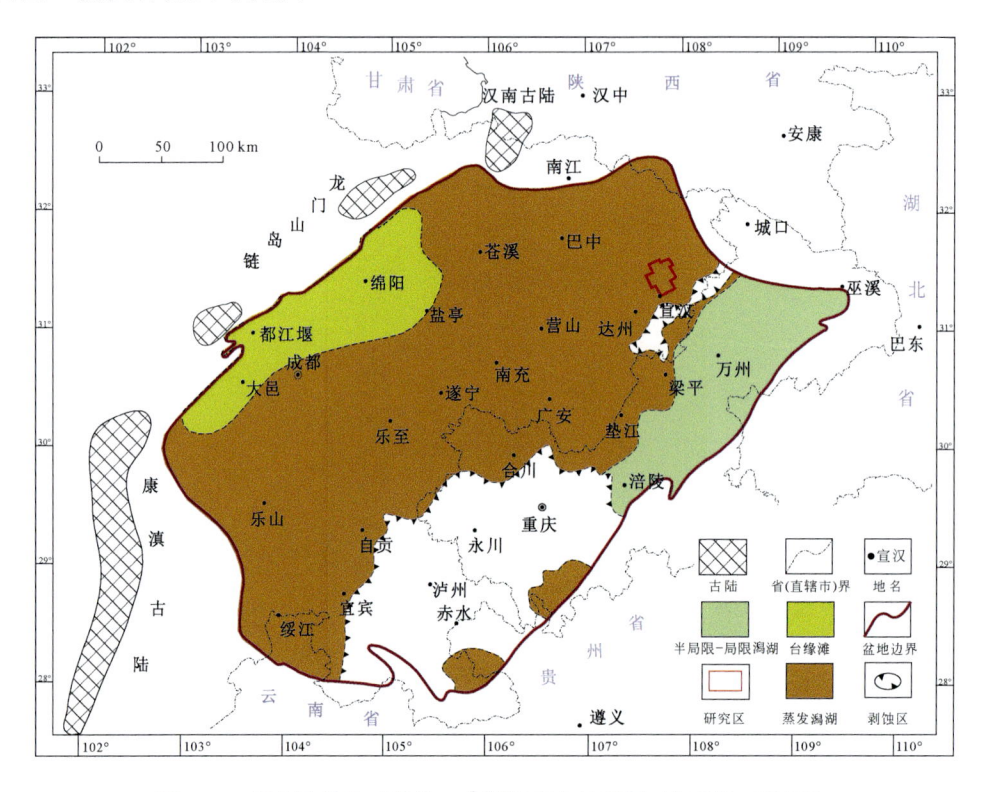

图 2-16 四川盆地中三叠世 T_2l^2 期岩相古地理图（红框为工作区）

前已述及，由于 T_2l^2 期是盆地东西向"跷跷板"式的转换期，川西北局部地区开始邻近松潘-甘孜广海，处于台地边缘相带，受海侵影响，沉积水动力较强，以发育单滩体厚度大的台地边缘滩为特征，岩性主要为中、厚层灰色-褐灰色亮晶砂屑云岩、藻黏结砂屑云岩，颗粒岩累积厚度较大。和台缘滩相邻的广大区域为蒸发潟湖，岩性主要为累积厚度大于 10 m 的灰白色盐岩夹泥晶云岩、薄层颗粒岩。蒸发潟湖往东至梁平

-垫江一带与岩性主要为灰色泥晶灰岩、云质灰岩、黑色泥岩夹薄层膏岩的半局限-局限潟湖相连，推测盆地东部开州-奉节-忠县-丰都一带受到江南古陆陆源影响，发育半局限-局限潟湖。受泸州古隆起开江古隆起和印支运动引起的抬升剥蚀的影响，盆地南部民寿-大足-隆昌-宜宾一带，开江东部的部分缺失雷二段地层。

3. T_2l^{3-1}期

四川盆地中三叠世 T_2l^{3-1} 期，主要发育台缘滩-潟湖沉积体系（图 2-17），以盆地西部发育台缘滩、其余区域广泛发育蒸发潟湖和半局限-局限潟湖为特色。较 T_2l^2 期台缘滩分布面积往南方向扩大至盆地边界地区、往北扩大至广元地区，由北向南主要分布于广元-成都-马边一线，岩性主要为中、厚层灰色-褐灰色亮晶砂屑云岩、藻黏结砂屑云岩，颗粒岩累积厚度较大。

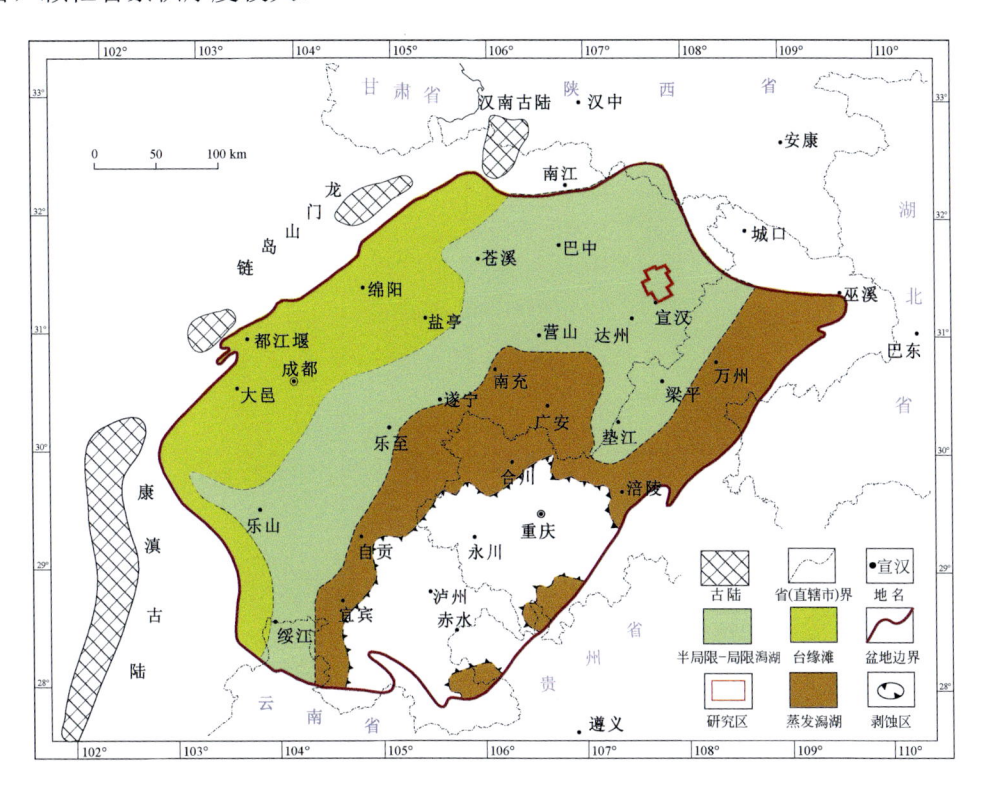

图 2-17 四川盆地中三叠世 T_2l^{3-1} 期岩相古地理图（红框为工作区）

和台缘滩以东相邻的广大区域为半局限-局限潟湖，岩性主要为灰色泥晶灰岩、云质灰岩夹薄层膏岩。位于半局限-局限潟湖以南的自贡-安岳-南充-广安-丰都-万州-奉节一带沉积物岩性以累积厚度大于 10 m 的灰白色膏、盐岩夹泥晶云岩为主，为蒸发潟湖环境。受泸州古隆起、开江古隆起和印支运动引起的抬升剥蚀的影响，盆地南部长寿-大足-隆昌-宜宾一带、东部开江的部分区域缺失 T_2l^{3-1} 地层。

4. T_2l^{3-2}期

四川盆地中三叠世 T_2l^{3-2} 期，主要发育台内滩-潟湖沉积体系（图2-18），部分区域发育膏、盐盆沉积。台内滩较 T_2l^{3-2} 期向东延伸至通江-巴中一带，并在浦江-雅安一带发育，其余区域以广泛发育半局限-局限潟湖为特色。

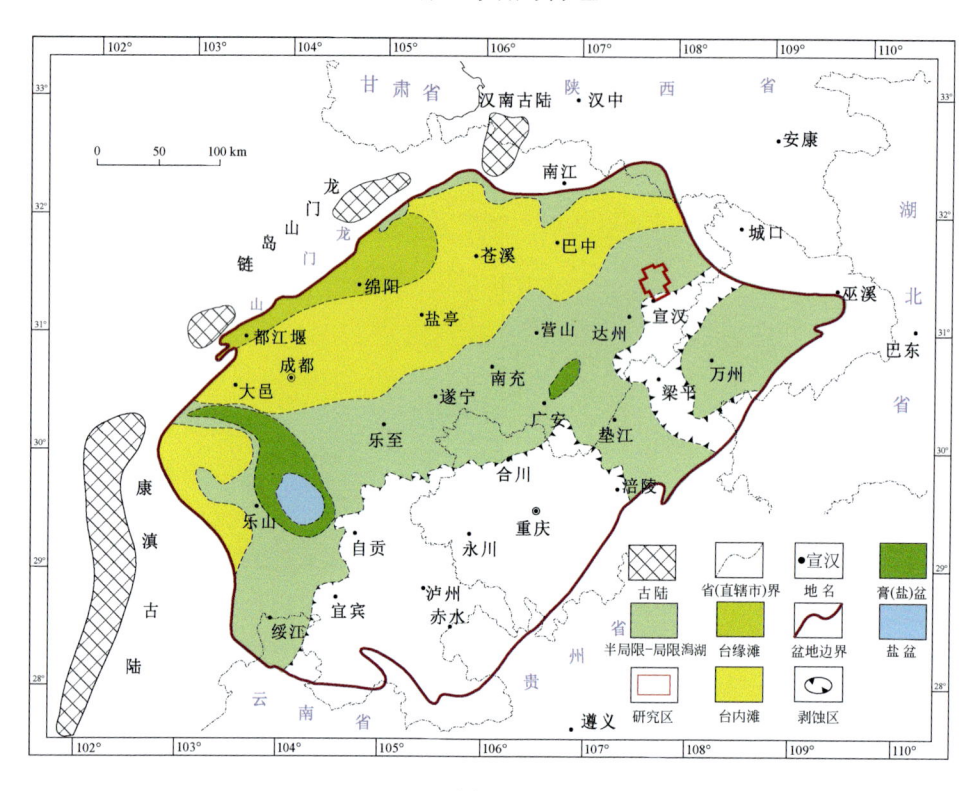

图2-18 四川盆地中三叠世 T_2l^{3-2} 期岩相古地理图（红框为工作区）

台缘滩分布面积主要为北至剑阁一带、南至都江堰一带的区域及西部的蒲江-雅安一带，岩性主要为中厚层灰色-褐灰色亮晶砂屑云岩、藻黏结砂屑云岩，颗粒岩累积厚度较大，累积厚度主体分布于盆地西北部和盆地西部，和台内滩相邻的广大区域为半局限-局限潟湖，岩性主要为灰色泥晶云岩、灰质云岩夹薄层膏岩。在半局限-局限潟湖相带中分布有零星的台盆沉积，岩性主要为白云岩、膏岩夹盐岩，膏岩累积厚度均大于25 m，广安东北-渠县为台盆环境，推测川西平落井区-眉山一带也为台盆环境，且乐山-威远一带为台盆的沉积中心，发育面积较小的盐盆沉积。受泸州古隆起、开江古隆起、广元古隆起和印支运动引起的抬升剥蚀的影响，盆地南部合川-内江-宜宾一带、东部开江-梁平-忠县一带、剑阁以西至盆地边缘的部分区域缺失 T_2l^{3-2} 地层。

5. T_2l^{3-3} 期

四川盆地中三叠世 T_2l^{3-3} 期，主要发育台缘滩-潟湖-台盆沉积体系（图2-19），台缘滩主要位于江油-绵阳-郫县一带，并在名山-雅安一带发育，由东向西的渠县-岳池-遂宁-简阳-新津一带区域发育台盆环境，双流-邛崃一带发育蒸发潟湖，其余区域以广泛发育半局限-局限潟湖为特色。

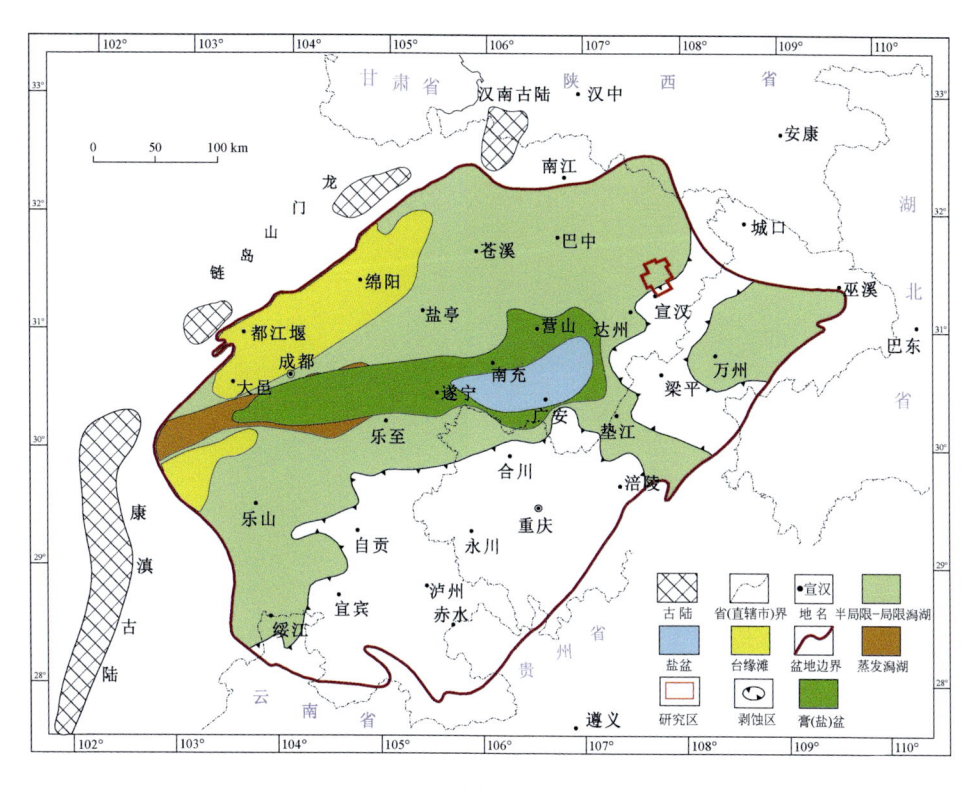

图 2-19　四川盆地中三叠世 T_2l^{3-3} 期岩相古地理图（红框为工作区）

台缘滩岩性主要为中、厚层灰色-褐灰色亮晶砂屑云岩、藻黏结砂屑云岩，颗粒岩累积厚度较大，分布范围为 12~83 m 之间，累积厚度主体分布于盆地西北部和盆地西部，累积厚度均大于 40 m。在渠县-岳池-遂宁-简阳-新津一带井区沉积了厚度大的膏、盐岩，累积厚度均大于 50 m，处于台盆环境，其中川中沉积了巨厚的膏岩，累积厚度达到 203 m，为 T_2l^{3-3} 期蒸发岩的沉积中心。台盆以西蒸发度小于 50 m，推测双流-邛崃一带为蒸发潟湖环境。和台缘滩、蒸发潟湖相连的广大区域为半局限-局限潟湖，岩性主要为灰色泥晶云岩、灰质云岩夹膏岩，膏岩累积厚度均小于 25 m。受泸州古隆起、开江古隆起、广元古隆起和印支运动引起的抬升剥蚀的影响，盆地南部涪陵-合川-资中-宜宾一带、东部开江-梁平-忠县一带、广元西南-江油以北至盆地边缘的部分区域缺失 T_2l^{3-3} 地层。

6. T_2l^{4-1} 期

四川盆地中三叠世 T_2l^{4-1} 期，主要发育台缘滩、蒸发潟湖、半局限-局限潟湖、台盆沉积体系（图 2-20）。台缘滩主要位于绵阳-成都一带，累积厚度较大，主要为中厚层灰色、褐灰色砂屑云岩、藻黏结砂屑云岩、颗粒岩。由西向东沉积了累积厚度较大的蒸发岩，为四川盆地 T_2l^{4-1} 期蒸发岩的沉积中心，推测为台盆环境。

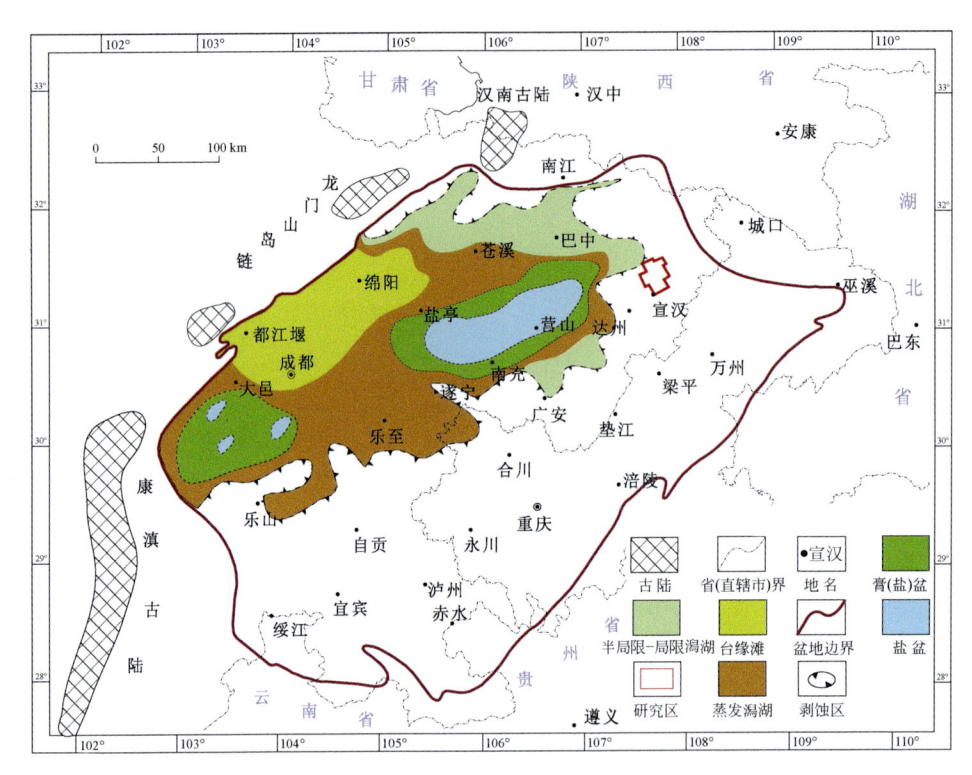

图 2-20　四川盆地中三叠世 T_2l^{4-1} 期岩相古地理图（红框为工作区）

台盆相主要发育于两处，一是川中地区盐亭-南充-营山一带，二是川西南成都-蒲江一带，即包括平落坝构造、盐井沟构造以及大兴场构造在内的区域。在成都-蒲江台盆内部，由盆地边缘向中心，含盐度逐渐增高，岩相也相应发生变化，以发育厚层的硬石膏岩、盐岩为主，就连最难沉积的杂卤石及钙芒硝也多处出现。平落坝构造区，由盆地中心向西缘的方向上，蒸发岩含量逐渐减少。受泸州古隆起、开江古隆起、广元古隆起和印支运动引起的抬升剥蚀的影响，盆地内剥蚀面积进一步扩大，南部以广安-岳池-资中-夹江一带为界、东部以通江-达州一带为界，广元、南江至盆地边缘区域缺失 T_2l^{4-1} 地层。

7. T_2l^{4-2} 期

由于地层进一步被剥蚀，残余地层仅仅分布在川西-川中的有限区域，残余的岩石类型也不能代表当时的沉积环境（图 2-21）。在此仅根据现有残余地层和岩性特征简单推测四川盆地中三叠世 T_2l^{4-2} 期的沉积相平面分布。

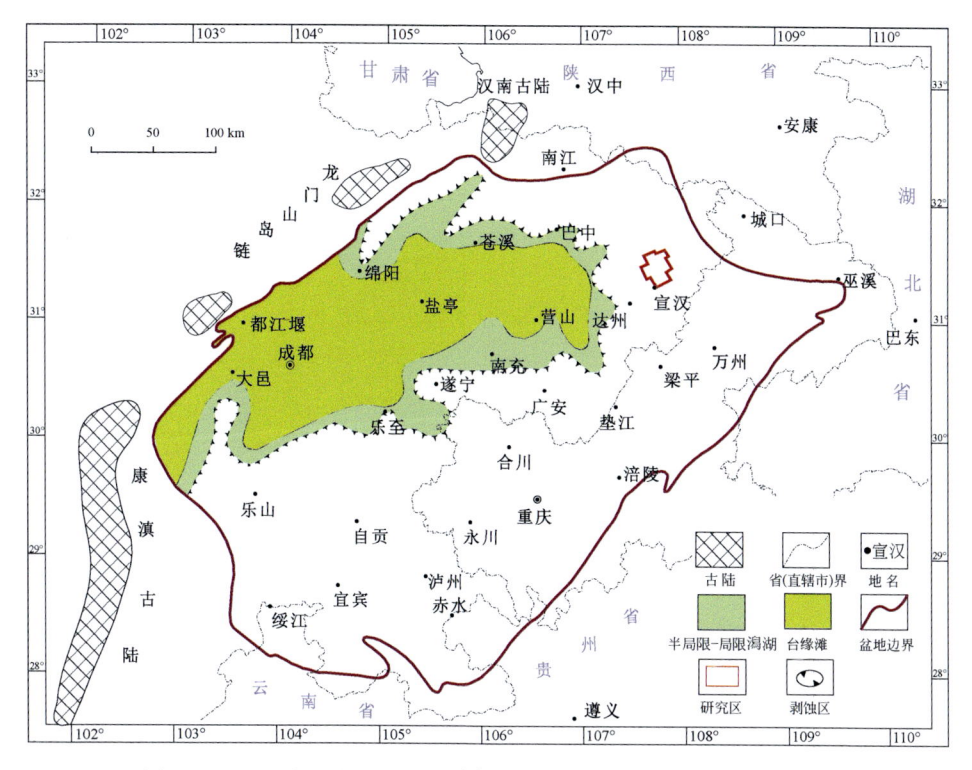

图 2-21 四川盆地中三叠世 T_2l^{4-2} 期岩相古地理图（红框为工作区）

四川盆地中三叠世 T_2l^{4-2} 期，主要发育颗粒滩-潟湖沉积体系，台内滩主要位于雅安-成都-仪陇一带，台内滩相连至剥蚀区以发育半局限-局限潟湖为特色。台内滩岩性主要为薄、中层灰色-褐灰色砂屑云岩、藻黏结砂屑云岩，颗粒岩累积厚度较大，分布范围为 11～43 m，累积厚度主体分布于盆地西部，累积厚度均大于 40 m，推测都江堰-德阳-仪陇一带区域为这一时期台内滩滩核。和滩核相连的颗粒岩厚度为 10～40 m，推测滩核以北安-绵阳-梓潼，以南雅安-射洪-营山一带为台内滩滩核-滩缘环境。其余保存有该地层的井区岩性主要为灰色泥晶灰岩、膏溶角砾岩，颗粒岩累积厚度均小于 10 m，为半局限-局限潟湖。

8. T_2l^5 期

因受印支运动早幕的影响，四川盆地中三叠世 T_2l^5 期（相当于天井山组）沉积的地层已在广大地区剥蚀缺失，仅在局部地方（绵竹、江油等地）有保存（图 2-22）。残余地层的岩性主要为乳白、浅灰色中厚层至块状灰岩，局部具鲕状及生物碎屑结构。从发育保存部分的岩性来看，沉积相带展布与 T_2l^{4-2} 期具有一定的相似性，滩相发育的地区缩小，反映出海平面上升幅度较大的特点。

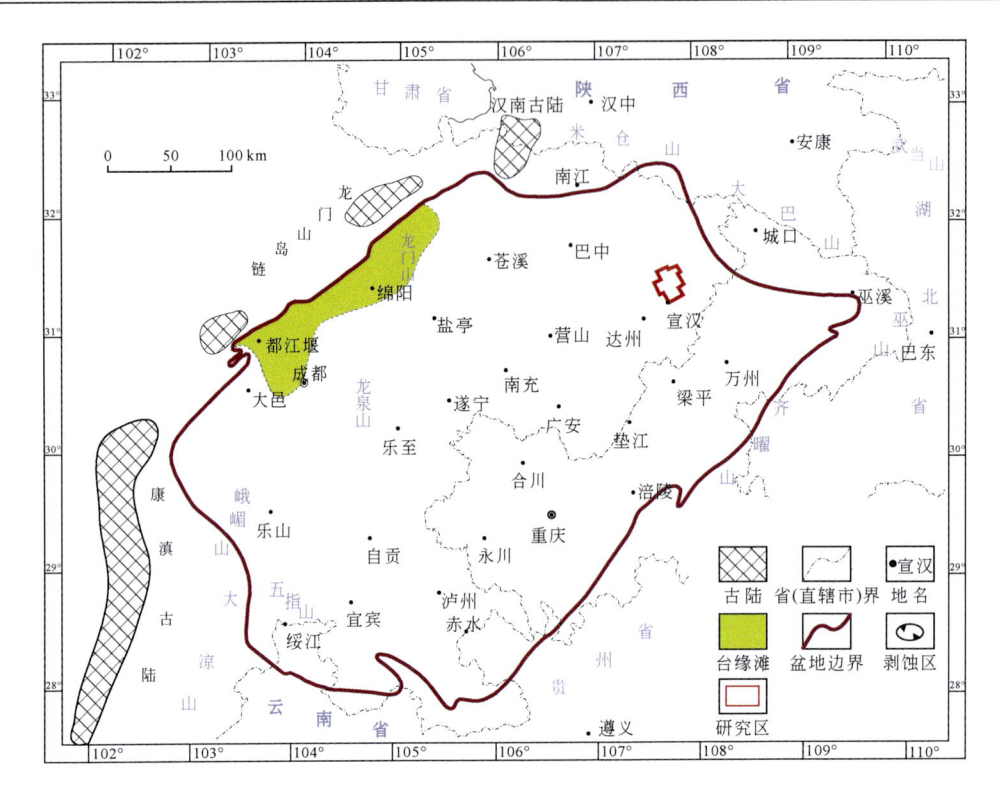

图 2-22　四川盆地中三叠世 T_2l^5 期岩相古地理图（红框为工作区）

综合分析上述各期岩相古地理演化，可以看出：

（1）T_2l^1 至 T_2l^2 期膏盐岩厚度较薄，各地差异不大，且分布稳定，反映古地形无明显高差，属于蒸发潟湖-膏湖、盐湖成因。而 T_2l^3 至 T_2l^4 期局部地区膏盐岩厚度表现出明显厚度异常，为蒸发台盆沉积。蒸发潟湖和蒸发台盆是两种不同的蒸发盐成因模式。

（2）T_2l^1 期在川中、川东部分地区发育膏湖、盐湖沉积，至 T_2l^{3-3} 期膏盐盆主要发育于川中南充一带，至 T_2l^{4-1} 期膏盐盆沉积中心已移至川西南邛崃一带。表明四川盆地雷口坡期台盆沉积中心具有向西迁移的趋势。

（3）雷口坡组沉积时期盆地底形发生了东倾向西倾"跷跷板"式的转换，在 T_2l^1 期仍保持了早三叠世西高东低的地形格局；T_2l^2 期东倾趋势消失；随后 T_2l^{3-1} 至 T_2l^{3-2} 期沉积时期盆地内隆凹格局略具雏形，伴随着构造挤压运动的加剧，盆地底形隆凹格局分异开始加剧，形成以巨厚膏盐岩为主要特征的台盆沉积。四川盆地中三叠世雷口坡期沉积环境相对闭塞，蒸发作用强烈，蒸发岩极发育，T_2l^1 至 T_2l^{4-2} 期沉积环境经历了水体逐渐加深→变浅→加深的过程，岩相古地理具有明显的继承性和发展性。

第三章 海相钾盐成矿理论新认识与新发现

第一节 海相钾盐成矿理论新认识

一、四川盆地成钾条件

（一）古纬度与古气候

据颜茂都和张大文（2014）研究，华南陆块（成都）在早三叠世至中三叠世期间古纬度相对稳定，位于北纬 11°左右，在北纬副热带高压带附近，可能在相对干旱的环境中（图 3-1）。而在中三叠世至晚三叠世期间则发生了大规模的快速北向漂移，到达北纬 23°左右，华南陆块进入北半球副热带高压带内（图3-1）。

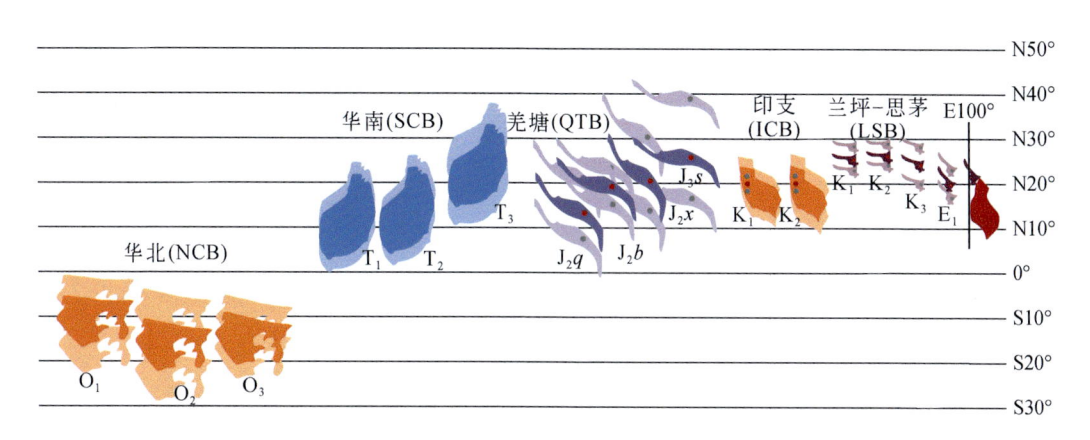

图 3-1 华北、华南、羌塘、兰坪-思茅及印支潜在成钾期的古纬度位置变化图

NCB-华北陆块；SCB-华南陆块；K_1-早白垩世；K_2-中白垩世；K_3-晚白垩世；J_2q-中侏罗统雀莫错组；J_2b-中侏罗统布曲组；J_2x-中侏罗统夏里组；J_3s-上侏罗统索瓦组；T_1-早三叠世；T_2-中三叠世；T_3-晚三叠世；O_1-早奥陶世；O_1-O_2-早奥陶世-中奥陶世；O_3-晚奥陶世。陆块中红点代表参考点的位置，灰影为陆块（参考点）的误差范围。图最右边为现代兰坪-思茅盆地和印支陆块位置，作参考。各陆块的位置通过古地磁软件 CMAP（Torsvik and Smethurst，1999）恢复（据颜茂都和张大文，2014）

在该时段内，华南陆块应该处于一个相当干旱的环境。调查表明，华南陆块西部四川盆地内发育中-下三叠统嘉陵江组和中三叠统雷口坡组，主要由白云岩、硬石膏岩和石盐岩夹少量石灰岩组成，并成为目前盆地内深层富钾卤水的主要层位，验证了该时期干旱炎热的古气候特征（陈莉琼等，2010；林耀庭，1994，2003；林耀庭等，2002）。同时，

根据大陆古地理重建结果，华南陆块在晚三叠世快速北向漂移，其间涉及了华南-华北陆块的碰撞以及古特提斯洋（秦岭古洋）的消亡等构造活动（Zhao and Coe，1987；Meng and Zhang，1999），华南发生顺时针旋转，海水朝西退却。另外，华南陆块在晚三叠世的这个古纬度位置，与世界上主要成盐带统计资料的古纬度基本吻合（Warren，2010）。上述副热带高压带的古纬度和干旱的古气候，以及陆陆碰撞和大洋的发育与闭合等构造背景，表明华南陆块成都地区在三叠纪，具有非常好的成盐、成钾条件。

（二）古海平面变化

如图3-2所示，三叠纪的全球海平面变化与扬子板块变化趋势有所不同：三叠纪初期至晚三叠世中期，全球海平面呈缓慢上升态势，到三叠纪末期才快速下降；对于扬子板块，在早三叠世出现了一次快速海侵，中三叠世至晚三叠世中期，呈现缓慢海退的整体趋势，且这期间还存在多次次级海侵海退事件，进入晚三叠世末期，由于古特提斯洋的消减闭合，昌都陆块、扬子陆块和华北陆块碰撞，导致甘孜-松潘海槽关闭，海水退出，结束了区内海洋历史，进入碰撞造山和陆内变形新时期。

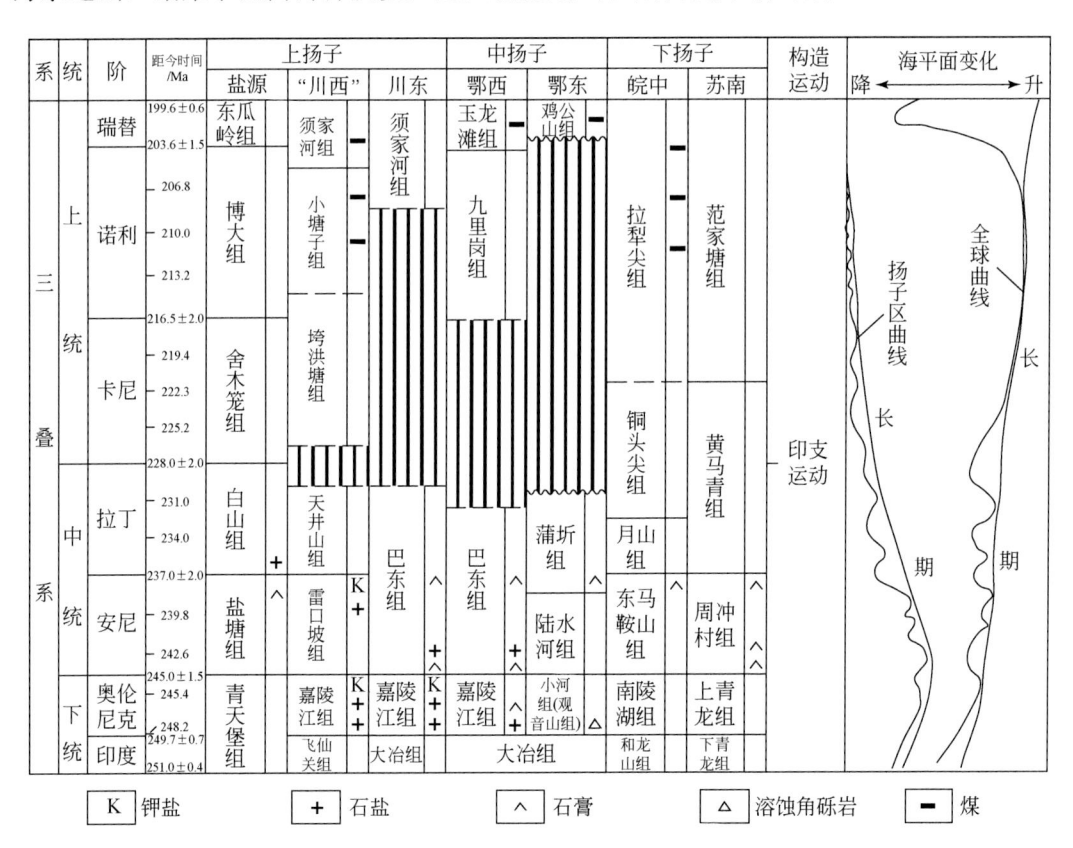

图3-2 扬子板块三叠纪时期古海平面变化曲线及地层格架（据郑绵平等，2010）

由此可见，扬子板块的海平面升降变化更显著受限于板块的相对运动，与全球海平面变化有所区别，早期短暂的海侵有利于物源的持续补给，中后期海退和板块碰撞导致古特提斯闭合则有利于钾盐的形成和保存，整体上呈现出有利的成钾条件。

聚焦到四川盆地，结合嘉陵江期至雷口坡期岩相古地理演化特征（图2-5～图2-21）可知，主要成钾期嘉陵江期与雷口坡期总体呈现出逐步咸化的特征，亦表现出有利的成钾条件：

（1）嘉陵江期：四川盆地嘉陵江期总体上为局限海-蒸发潮坪沉积环境，以局限海相碳酸盐岩与台地蒸发岩（膏盐岩）为沉积主体。在三次海水进退过程中，嘉陵江组的沉积特点表现为台地的浅滩化→局限化→咸化过程。

（2）雷口坡期：四川盆地雷口坡期沉积环境相对闭塞，蒸发作用强烈，蒸发岩极发育，雷一至雷四2期沉积环境经历了水体逐渐加深→变浅→加深的过程，岩相古地理具有明显的继承性和发展性。

（三）古构造格局

宏观上，扬子陆块泥盆纪至中三叠世为海相碳酸盐岩、碎屑岩；晚三叠世—中新生代为陆相暗色碎屑岩系、红色碎屑岩和含膏硝岩系。从扬子区盐类成矿和构造特点出发，可将扬子板块划分为下扬子云膏成盐预备盆地，属局限台地（马永生等，2009）；中扬子盐膏预备盆地，属克拉通盆地；四川盆地所在的上扬子地区属克拉通盆地，是最有利的成钾区。

如图3-3所示，四川盆地周缘被众多古陆所围限，西南有康滇古陆，西部有近南北向延伸的龙门山古陆，东北有大巴山古陆，东南为江南古陆，但周缘仍有较多海侵入口，最明显的是南部宜宾-綦江以南的大部地区，从早-中三叠世各期岩相古地理图中可以观察到海水从南往北侵入最为明显。因此，有利的成钾区应位于盆地西部、北部和东部地区，南部地区长期遭受海侵，不利于钾盐的形成和保存。

二、四川盆地三叠纪蒸发岩分布与找钾方向

四川三叠纪蒸发盆地是在上扬子板块中发育起来的，膏盐岩分布规模是古生代至今最大的，分布面积约达 $1.8 \times 10^5 \ km^2$（图3-4）。由上扬子盆地东部万州一带以下三叠统嘉陵江组含钾的石盐沉积为主，向西偏南至成都凹陷以中三叠世雷口坡组含钾的石盐沉积占优势，直至上扬子西缘盐源一带，中三叠统上部其石盐厚度可达750 m。其中以嘉四、嘉五至雷一和雷四含盐亚段石盐沉积较厚，含钾显示较好，是有利成钾目的层。嘉四（T_1j^4）含盐亚段：由白云岩和膏盐层构成，厚9～369 m，一般厚80～150 m，以膏盐为主，钾异常区位于剖面中、下部，厚1.5～8.0 m。嘉五至雷一（T_1j^{5-1}-T_2l^1）含

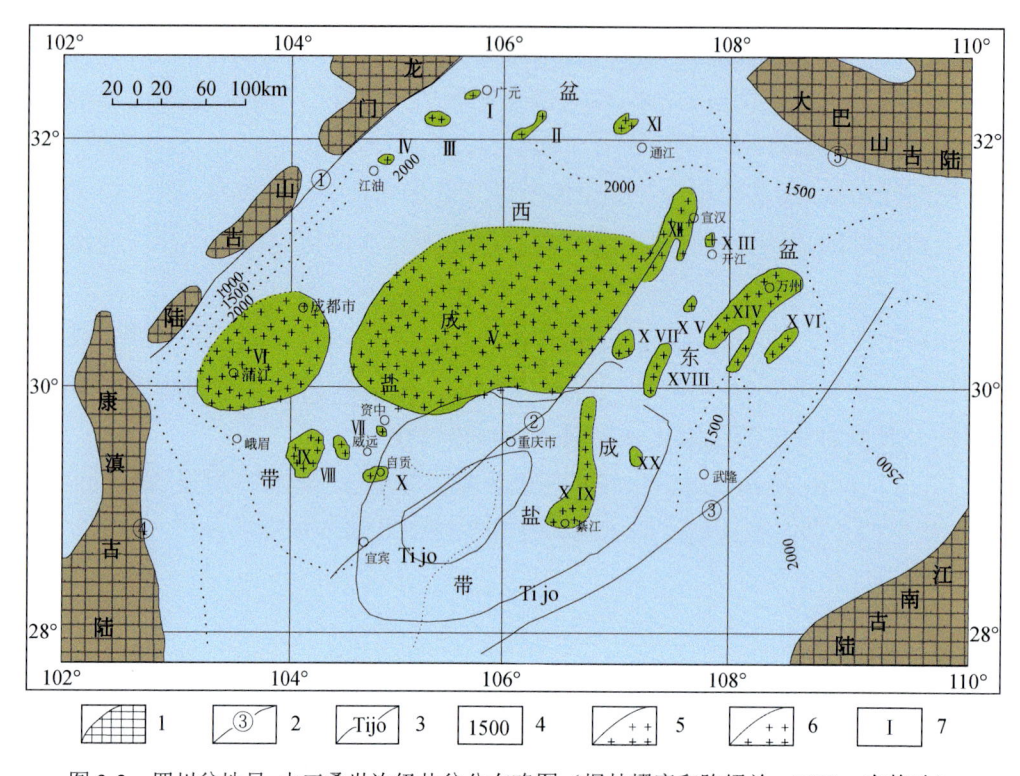

图 3-3 四川盆地早-中三叠世次级盐盆分布略图（据林耀庭和陈绍兰，2008，有修改）

1-古陆；2-古断裂及编号；3-古剥蚀线及层位；4-沉积厚度等值线（m）；5-盐（体）边界；6-推测盐盆（体）边界；7-盐（体）。盆西成盐带：I-广元盐盆（体）；II-旺苍盐盆（体）；III-剑阁盐盆（体）；IV-江油盐盆（体）；V-南充盐盆（体）；VI-成都盐盆（体）；VII-资中盐盆（体）；VIII-威远盐盆（体）；IX-威西盐盆（体）；X-自贡盐盆（体）；XI-通江盐盆（体）。盆东成盐带：XII-达州宣汉盐盆（体）；XIII-江汉盐盆（体）；XIV-万州盐盆（体）；XV-梁平盐盆（体）；XVI-建南盐盆（体）；XVII-邻水盐盆（体）；XVIII-垫江盐盆（体）；XIX-重庆盐盆（体）；XX-涪陵盐盆（体）

盐亚段：由硫酸盐、膏盐与杂卤石及凝灰岩（绿豆层）构成，主要以膏盐与杂卤石韵律层组成，厚 25~506 m，一般 50~120 m，含钾盐层分布于绿豆岩之上下，赋存富钾卤水。雷四（T_2l^4）含盐亚段：由白云岩与膏盐组成，由硬石膏与石盐韵律层构成，含杂卤石，厚 5~640 m，一般厚 100~300 m；赋存高浓度富钾卤水。

在上扬子盆地三叠纪初期，由于盆地东部（川东）逐渐抬升，盆地盐沉积中心，从嘉陵江组（T_1j）至雷口坡组（T_2l），渐由川东（万州-南充次盐盆地）向西南（成都次盐盆地）迁聚，而其盐沉积中心的范围几经变化，也渐为缩小趋势，中三叠世初始，四川盆地大规模火山喷发，即向盆地汇入大量硼、锂、铷、溴和钾等组分。在重力场作用下，在从奥伦阶（嘉陵江组）至安尼阶（雷口坡组）长达 1200 万年的蒸发与沉积化学分异作用下，按照多级次盐盆地沉积模式分析，上扬子蒸发盆地易溶性钾及硼、铷、锂、溴、碘必然向低阶次盐盆地汇聚（郑绵平等，1989）。

结合前文四川盆地三叠纪成钾条件、古地理特征以及历年找钾实践工作可见，四川盆地三叠纪古卤水迁移汇聚的结果是：川东北最有利于形成石盐、杂卤石等固体蒸

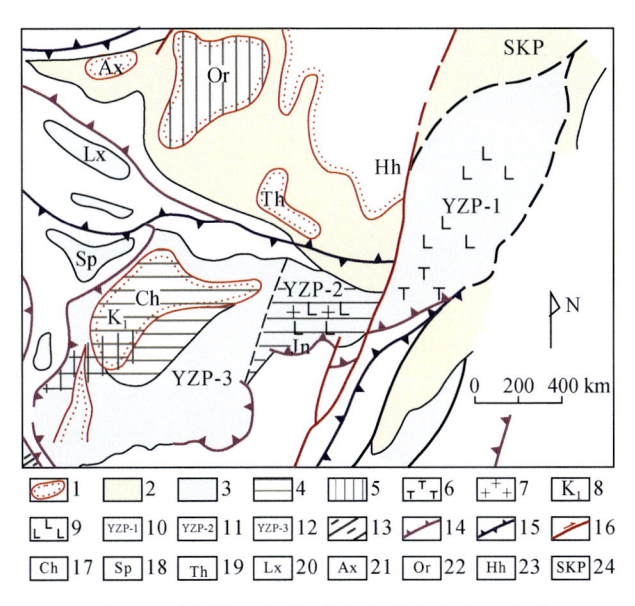

图 3-4 中国扬子区构造与蒸发盆地分布略图

1-陆核；2-原地台；3-地块及地台；4-寒武系与三叠系膏盐沉积；5-上震旦统膏盐沉积；6-三叠系云膏沉积；7-三叠系膏盐沉积；8-上白垩统钙芒硝；9-上白垩统—古近系膏盐沉积；10-下扬子云膏预备盆地（Ⅰ）；11-中扬子膏盐预备盆地（Ⅱ）；12-上扬子成盐（钾）盆地；13-侏罗系与古近系膏盐沉积；14-地壳消减叠接带；15-地壳消减对接带；16-走滑断层（印支期后为主）；17-川中；18-松潘；19-太华；20-陇西；21-阿拉善；22-鄂尔多斯；23-河淮；24-中朝

发岩矿产，川西则以卤水型钾盐为主要调查目标。由此厘定四川盆地下一步找钾方向，川东北地区是目前最有望实现海相固体钾盐突破的成钾有利区。

第二节 海相钾盐成矿理论新认识引领的找矿新发现

一、海相"新型杂卤石钾盐矿"的发现

2016 年以来，资源所郑绵平院士团队，在川东北达州市宣汉地区下三叠统嘉陵江组嘉四-五段发现与石盐共伴生、分布于石盐基质中的大量碎屑颗粒杂卤石，因其显著区别于与白云石和硬石膏互层的杂卤石，故将之命名为"新型杂卤石钾盐矿"（图3-5）。这是一种新类型海相可溶性固体钾盐矿床，其最大特点就是可溶于水，能采用绿色环保的淡水溶矿、规模化开采，是可以利用的"活矿"。

（一）宏观特征

"新型杂卤石钾盐矿"赋存于埋深超过 3000 m 的下-中三叠统嘉陵江组—雷口坡组海相蒸发岩层系中，内碎屑颗粒杂卤石呈星点状、不规则团块状或似条带状分布于石盐基质中，大小不一，细粒（<1 mm）、粗粒（1~2 mm）至砾屑（>2 mm），局部见

巨砾级颗粒（3~7 cm），杂卤石团块有近似等轴的似圆状似方状到长条状-椭球状-不规则状等不同形状[图3-5（a）]，似条带状杂卤石具明显的揉皱和破碎现象[图3-5（a）和（b）]。杂卤石呈灰白色或肉红色，发育暗色条纹，具贝壳状断口，粉晶-细晶结构，其中灰白色-黑色杂卤石不透明、呈土状光泽或光泽不明显，可能是杂卤石团块中含其他杂质较多造成[图3-5（b）]；肉红色杂卤石半透明、蜡状光泽、结构细腻致密。鉴于内碎屑颗粒杂卤石含量一般为20%~30%，部分大于50%，胶结物多为石盐晶体，本书将之定名为"盐晶颗粒杂卤石岩"。另外，可见杂卤石呈薄层赋存于此类杂卤石岩中。

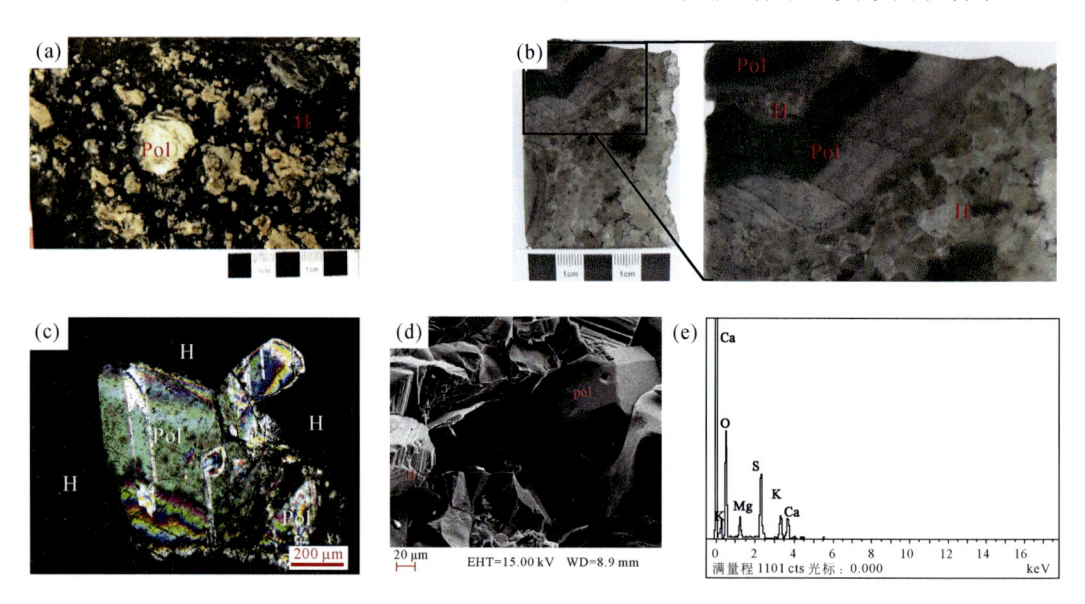

图3-5 川东北宣汉地区发现的海相可溶性"新型杂卤石钾盐矿"（样品来自HC2井、HC3井）

H为石盐，Pol为杂卤石碎屑颗粒；（a）"新型杂卤石钾盐矿"岩心；（b）"新型杂卤石钾盐矿"岩心切面；（c）正交偏光下，被石盐晶体胶结的杂卤石颗粒；（d）扫描电镜下，较完整的杂卤石晶体，与石盐晶体边界清晰；（e）扫描电镜下，杂卤石能谱曲线

（二）显微特征

单偏光下，杂卤石晶体略显黄绿色，半自形-他形粒状、柱状结构，常见晶棱，突起较石盐高；正交光下，杂卤石晶体具二级蓝绿干涉色，斜消光，消光角为15°~20°，镜下杂卤石颗粒为二轴晶负光性，光轴角约为60°~70°，胶结物石盐晶体呈全消光[图3-5（c）]。晶体集合具有一定的方向性，中部晶体细小，一般为微晶-细晶，紧密、互相叠置生长，边部晶体颗粒较大，可能为次生晶体。在多处杂卤石中发现钾盐包体，或呈半自形-自形粒状均质体，负突起，交代杂卤石，含量1%~3%。扫描电镜下可见杂卤石自形晶体呈三斜晶系，贝壳状断口，解理不明显，晶体互相叠置紧密生长，杂卤石与石盐边界清晰，未见交代、穿插现象，结构简单，形态单一[图3-5（d）、（e）]，

应为同期沉积的产物,为同生或原生杂卤石。

二、海相"新型杂卤石钾盐矿"的命名

盐晶颗粒杂卤石岩的水溶特征杂卤石团块、集合体等大小不等的内碎屑颗粒散布于石盐基质中(图 3-5),在注入淡水后,作为胶结物的石盐基质迅速溶解,杂卤石颗粒失去支撑进入卤水溶液中,处于随机运动状态,并被进一步溶解于水中,成为可溶性内碎屑颗粒杂卤石。这些盐晶胶结的内碎屑颗粒杂卤石与钾石盐、光卤石等可溶性钾盐矿相当,便于水溶法开采,可通过对接井的方式进行注水溶采,生产成本大大降低,生产效率大为提高。溶解有内碎屑颗粒杂卤石的富钾卤水,可直接用于生产优质硫酸钾型钾肥或复合钾镁肥。因此,本书将这类"盐晶颗粒杂卤石岩"称之为一种"新型杂卤石钾盐矿"。

"新型杂卤石钾盐矿",既不同于一般的杂卤石钾盐矿(一种构溶性硫酸盐型钾盐矿),亦不同于钾石盐、光卤石等氯化物钾盐矿(极易溶于水),是笔者近年来在川东北宣汉地区新发现的一种新类型海相可溶性固体钾盐矿床(郑绵平等,2018)。"新型杂卤石钾盐矿"与前人发现的石膏型杂卤石相比,究竟"新"在哪里?其特点主要体现在以下三个方面。①共伴生矿物不同:前者主要与易溶于水的石盐共伴生;后者与不溶于水的白云石和硬石膏共伴生。②组构形态不同:前者的杂卤石层遭到破碎、杂卤石呈碎屑颗粒状散布于石盐基质中;后者的杂卤石与白云石、硬石膏呈致密薄互层状。③水溶性差别大:前者可溶于水,当埋深>2000 m 时,可采用水溶法规模化溶采,是可以利用的"活矿";后者难溶于水,当埋深>2000 m 时,无法开采利用。

第三节 海相"新型杂卤石钾盐矿"成因机制与成矿模式

一、成钾物质来源于古海水

在化学和生物化学过程中,锶不会产生明显同位素分馏,因此 $^{87}Sr/^{86}Sr$ 是有效的示踪剂(福尔和鲍威尔,1975)。石膏与沉淀它的溶液之间的硫同位素分馏很小,仅为1.65‰±0.12‰,蒸发浓缩作用不会影响硫同位素的指相意义,硫同位素的分馏主要取决于物源、新水体的补给和细菌的还原作用等三个方面(格里年科,1980;李任伟和辛茂安,1989;郑永飞和陈江峰,2000;Gavrieli et al.,2001;樊启顺等,2009;商雯君等,2016)。新水体的补给途径,如火山热液,溶解了蒸发岩地层的地表水等的加入都将会使硫同位素的组成受到很大影响(格里年科,1980),因此,硫酸盐矿物中的 $\delta^{34}S$ 值可以作为研究物源的依据。此外细菌的还原作用会使残留硫酸盐富集 ^{34}S,细菌的还

原作用与封闭、半封闭的沉积环境有关（Kaplan and Rittenberg，1964；Harwood and Coleman，1983），借此可以研究盆地演化，探讨沉积环境及盐岩的保存条件。本书创新性地对杂卤石的 Sr 和 S 同位素进行测试，探讨 Sr 和 S 等同位素在杂卤石物源研究中的应用，并与同时期海水、火山黏土岩等物质的 Sr 和 S 同位素组成进行对比，以此探讨"新型杂卤石钾盐矿"的物质来源，为四川盆地此类杂卤石的成因研究、后续找矿勘查及预测评价提供科学依据。

  本次分析的硫酸盐样品分别来自钻孔岩心（ZK001、HC3）中"新型杂卤石钾盐矿"内的碎屑状杂卤石和底部的硬石膏；2 个绿豆岩样品分别来自渠县农乐石膏矿的井下坑道中和垫江县桂花湾-太平镇的地表露头。分析结果显示除富含黏土的硬石膏样品的 $\delta^{34}S$ 和 $^{87}Sr/^{86}Sr$ 值偏高外，"新型杂卤石钾盐矿"中的杂卤石及其底部硬石膏样品的 $\delta^{34}S$ 和 $^{87}Sr/^{86}Sr$ 特征相似，分别为 27.9‰～28.9‰ 和 0.70826～0.70829，二者是同源的，并且与同时期全球海相硫酸盐的 $\delta^{34}S$ 特征和全球海水的 $^{87}Sr/^{86}Sr$ 组成类似，其物质来源为同时期的海水（图 3-6）（商雯君等，2021）。杂卤石物源的确定无疑收窄了其成矿模

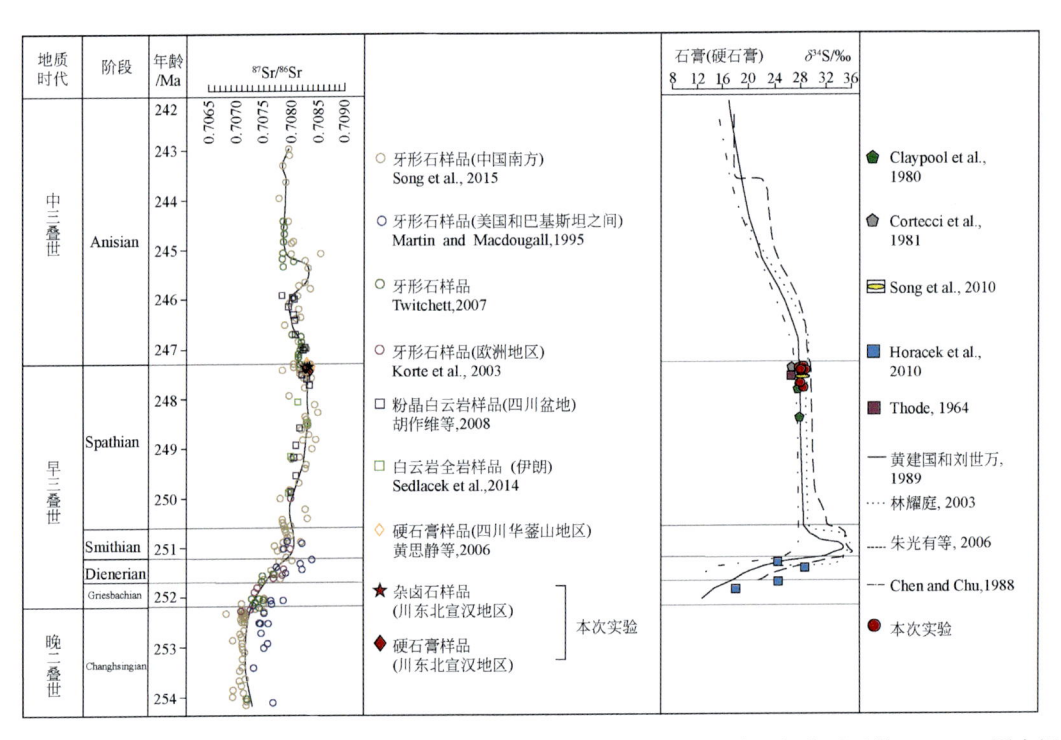

图 3-6　川东北宣汉盆地杂卤石的 Sr 同位素与同时期海水的 Sr 同位素分布（据商雯君等，2021；图中锶同位素引用数据来自 Song et al.，2015；Martin and Macdougall，1995；Twitchett，2007；Korte et al.，2003；胡作维等，2008；Sedlacek et al.，2014；黄思静等，2006；硫同位素引用数据来自 Claypool et al.，1980；Cortecci et al.，1981；Song et al.，2010；Horacek et al.，2010；Thode，1964；黄建国和刘世万，1989；林耀庭，2003；朱光有等，2006；Chen and Chu，1988）

Anisian-安尼期；Spathian-斯帕斯期；Smithian-史密期；Dienerian-迪纳期；Griesbachian-格里布斯阶；Changhsingian-长兴阶

型的讨论范围，有益于下一步工作的进行，其成因机制的研究仍需更进一步的矿物学、岩石学等工作。

二、"新型杂卤石钾盐矿"的成因机制

（一）四川盆地三叠系海相杂卤石的形成

四川盆地中-下三叠统杂卤石具有分布于石盐欠饱和的膏岩层和石盐饱和的石盐层中两种产状，其沉积序列表现为硬石膏（菱镁矿）→杂卤石→硬石膏（菱镁矿）→杂卤石→石盐或硬石膏→石盐→杂卤石→石盐。不同于柴达木盆地（罗布泊、潜江凹陷、大汶口凹陷）目前已经发现的古近纪—第四纪杂卤石主要分布在浓缩阶段较高的盐岩、可溶性钾镁盐或碎屑中，且原生杂卤石层厚度较薄，四川地区原生层状杂卤石较厚，岩心样品揭示单层最厚可达 10 m。川东北"新型杂卤石钾盐矿"的物质来源已经被 $^{87}Sr/^{86}Sr$ 值、S 同位素、$Br×10^3/Cl$ 特征、稀土元素分布以及岩矿学、沉积学特征等多方面证据证实其主要物质来源为同时期海水，主要为原生沉积成因（王淑丽和郑绵平，2014；商雯君等，2021；张雄等，2022）（图 3-7）。自然界、室内实验和热力学模拟结果都表明杂卤石的形成区域极为可观，不需要极高的钾、镁浓度，然而显生宙沉积大量海相杂卤石的时代只有二叠纪—三叠纪和古近纪—第四纪，早-中三叠世经历了环境骤变（殷鸿福和宋海军，2013）和海水组成成分的震荡变化，这些条件无疑是导致厚层杂卤石沉积的主要原因，然而其中的具体机理还有待进一步研究。此外，杂卤石极易通过交代硬石膏、石膏、钙芒硝等含钙硫酸盐形成，沉积过程中和沉积期、埋深过程中等都易形成次生杂卤石，次生杂卤石的形成优化了"新型杂卤石钾盐矿"的品位。

（二）川东北杂卤石破碎机制

岩心和微观特征揭示杂卤石碎屑的形成受构造作用的影响更大。岩石层较弱、较软的部位是应力主要被分割的地方（Carter et al., 1981；Ross et al., 1983；Ross and Bauer, 1992），"软相"蒸发岩在构造作用中承受更大的应力作用形成类似断层的滑脱层。断层两侧岩石因断裂而破碎，而滑脱层中的蒸发岩塑性程度较高、岩性变化较低，加之在构造运动造成的高温高压条件下石膏释放的结构水也促进了蒸发岩的动态再结晶和硬石膏的转化（Borchert and Muir, 1964；Roedder, 1984；Putnis et al., 1990），因此滑脱层中由统一岩性组成的较厚石盐或硬石膏仅具有较强的糜棱化特征。然而，盐岩相对于硬石膏和杂卤石而言是弱相，硬度差异导致盐岩中的"硬相"杂卤石（或硬石膏）薄层或与盐岩接触的杂卤石边缘在应力作用下被糅合，发生破碎、搬运，形成类

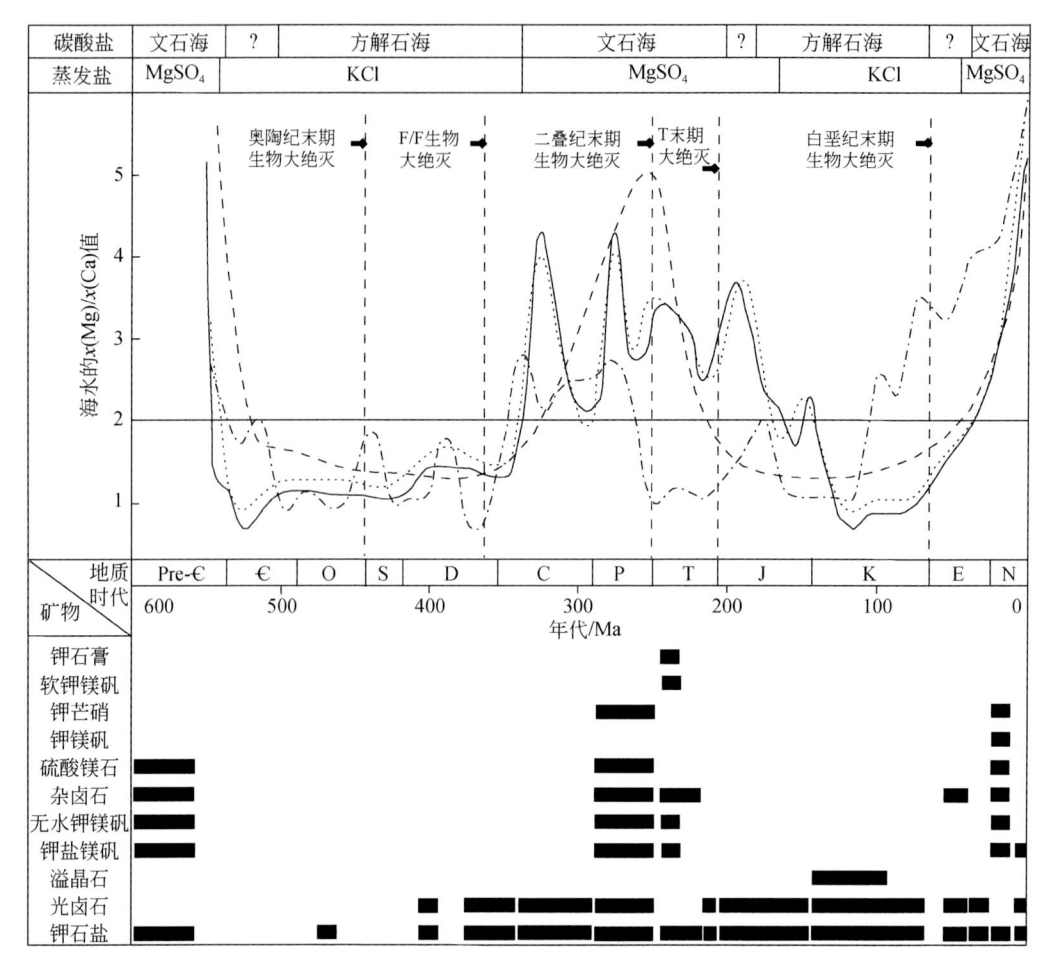

图 3-7 显生宙海水 $x(Mg)/x(Ca)$ 值的周期耦合性变化及海相钾镁盐时空分布和组合特征（修改自颜佳新和伍明，2006；沈立建和刘成林，2018；数据引用自 Sandberg，1983；Stanley and Hardie，1998；Lowenstein et al.，2001；Horita et al.，2002）

似于断层角砾岩的具有脆性属性的角砾（或碎屑）。平移断层内的角砾碎块有不同程度的圆化和略具定向排列的特征与赋存于滑脱层内的"新型杂卤石钾盐矿"展现的特征相一致，进一步说明了杂卤石碎屑形成于后期构造过程中，滑脱带与上下盘的关系可比拟平移断层。构造作用也导致杂卤石在微观下具有晶界滑动和各种扩散蠕变等典型的变质岩特征。"软相"石盐的包裹可能是造成分布于硬石膏层中的杂卤石与分布在盐岩中的杂卤石两者微观结构不一致的主要原因，杂卤石薄层断裂形成碎屑后受到的应力被"软相"石盐分解，因此糜棱化程度较低，具有半脆性行为；而硬石膏和杂卤石的物理特征相似，杂卤石晶体的破碎和糜棱化程度较高。此外，在高温、高压和边界挤压条件下，盐构造具有动态特征，构造活跃期蒸发岩流速大于 1 km/Ma（Borchert and Muir，1964）。盐岩的塑性流动加剧了杂卤石和硬石膏薄层的破坏，可能使杂卤石碎屑在石盐中的分布范围更广泛。总之，杂卤石和硬石膏在石盐基质中的空间分布是在应力作用影响下"软相"盐岩流动性的响应（Ross et al., 1987）。

三、新型杂卤石钾盐矿"双控复合成矿"理论新认识的提出

川东北宣汉地区位于川东高陡褶皱背斜带的北端，属上扬子准地台与秦岭地槽褶皱系之间的过渡带，处于一个多边界的构造交会部位（图 2-1），中生代、新生代以来经历了印支、燕山、喜马拉雅多期复杂的沉积期后盐构造塑性变形改造，"新型杂卤石钾盐矿"所在的下三叠统嘉陵江组嘉四-五段含钾蒸发盐系是区域上重要的滑脱层，在多期次、多方位挤压构造运动作用下，嘉四-五段滑脱层发生塑性流动和形变，导致原始沉积的、与石盐互层的杂卤石脆性薄层发生破碎，形成大小不一的杂卤石碎屑颗粒掺拌进塑性盐层中。"新型杂卤石钾盐矿"的形成受控于较活动构造背景下、上扬子准地台早三叠世古盐盆原生沉积石盐-杂卤石-石膏"千层饼"形成、后期挤压构造活动形成的嘉四-五段盐构造塑变导致石盐-杂卤石-硬石膏"千层饼"碎裂掺和两个关键阶段的成矿过程，也就是说，"新型杂卤石钾盐矿"的形成不仅取决于上扬子活动台地上次级盐盆沉积的石盐-杂卤石"千层饼"，还受控于后期盐构造塑性变形的改造，盐构造塑性变形是导致"新型杂卤石钾盐矿"矿层中脆性杂卤石层碎裂掺和及矿层厚

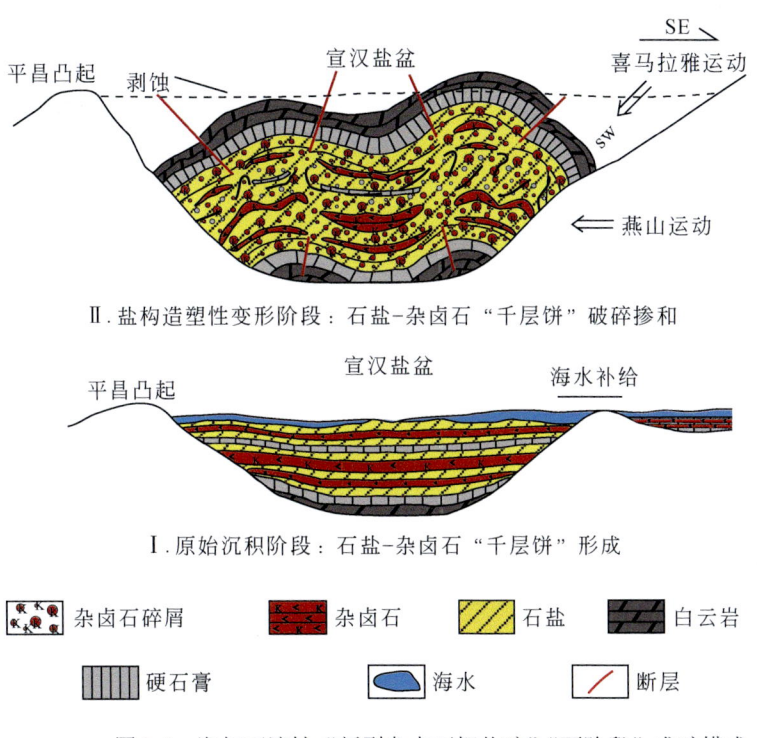

图 3-8 海相可溶性"新型杂卤石钾盐矿""两阶段"成矿模式

度出现较大变化的主控动力因素，石盐和杂卤石的共伴生沉积奠定了成钾成矿的物质基础，据此提出"双控复合"成矿理论新认识，建立了"两阶段"成矿模式（图3-8）：第一阶段，石盐-杂卤石"千层饼"的形成；第二阶段，"千层饼"中脆性杂卤石层的碎裂与掺和。创新理论认识指导钾盐找矿勘查验证井（川宣地1井）部署，取得了我国海相可溶性固体钾盐找矿的实质性突破。

第四章 "新型杂卤石钾盐矿"测井识别方法技术创新

第一节 "新型杂卤石钾盐矿"的典型测井识别方法

一、曲线重叠法

曲线重叠法是优选对岩性较敏感的曲线进行重叠分析，在岩心刻度下选取区域基准岩性（致密灰岩或者膏岩）的基础上来进行岩性定性识别。如图 4-1 和图 4-2 分别为研究区 DW1 井和 PG8 井嘉五-四段地层钍与钾曲线的曲线重叠图。其中 DW1 井选取 4130～4136 m 硬石膏岩层段为基准岩性段，调整钍和钾曲线刻度使其在此井段重合。

钾曲线在钍曲线右边，表现为"正差异"，"正差异"井段对应的地层为"新型杂卤石钾盐矿"段（图 4-1 和图 4-2 红色填充段），因此，利用钾曲线与钍曲线重叠可以有效地识别"新型杂卤石钾盐矿"。

二、交会图法

与曲线重叠法原理相似，选取敏感曲线进行交会分析，以较为典型岩性分布在交会图中的区域为标准，扩展应用到其他地层或区域进而达到划分优质岩性段的目的。通过研究分析，优选岩性敏感曲线，在选取基准岩性基础上进行定性识别。选取硬石膏为基准岩性，针对钾与电阻率交会图，当钾值大于 4.0%、电阻率大于 10000 $\Omega \cdot m$ 时多为"新型杂卤石钾盐矿"层；硬石膏和石盐岩钾值整体低于 1.0% [图 4-3（a）]。针对钾与钍交会图，当钾值大于 4.0%、钍值低于 1.0×10^{-6} 时多为"新型杂卤石钾盐矿"层；硬石膏和石盐岩钾值整体低于 1.0%、钍值低于 4.0×10^{-6} [图 4-3（b）]。由于嘉陵江组岩性复杂，有时多种岩性同时存在，测井曲线响应特征不典型，交会图版法常存在重叠区，因此利用这种方法仅能定性判别岩性。

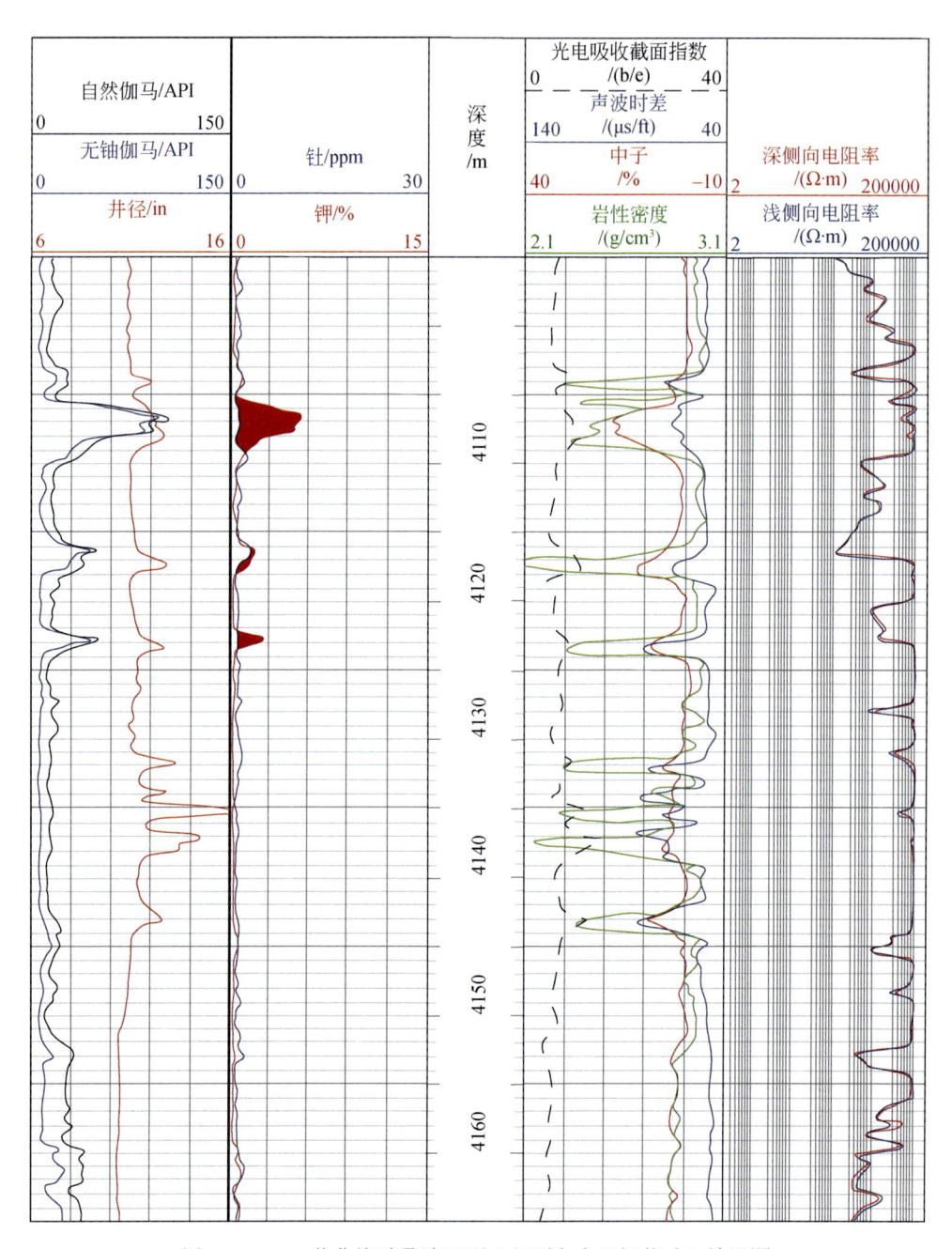

图 4-1 DW1 井曲线重叠法识别"新型杂卤石钾盐矿"效果图

ppm 为 10^{-6}，1 in=2.54 cm，下同

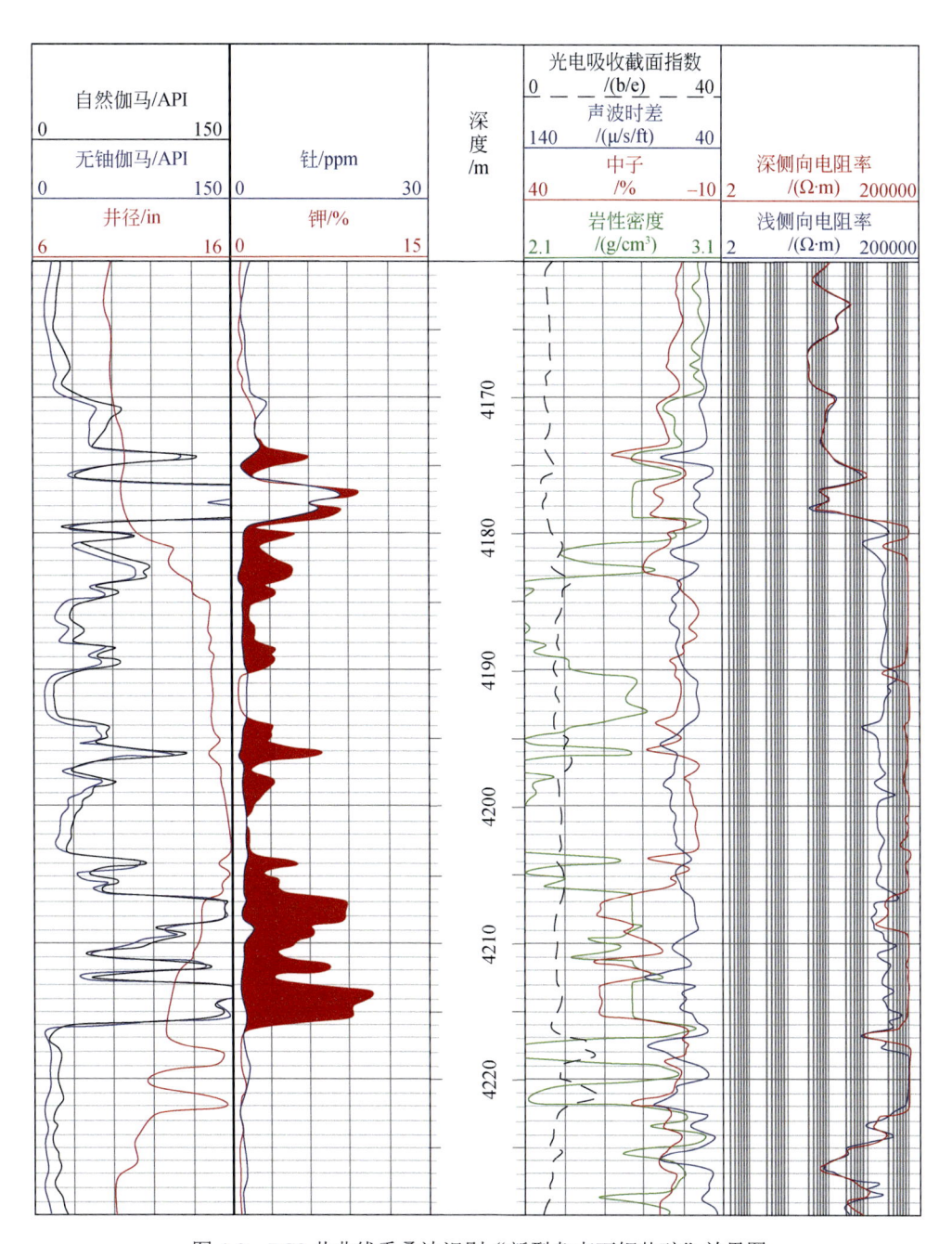

图 4-2　PG8 井曲线重叠法识别"新型杂卤石钾盐矿"效果图

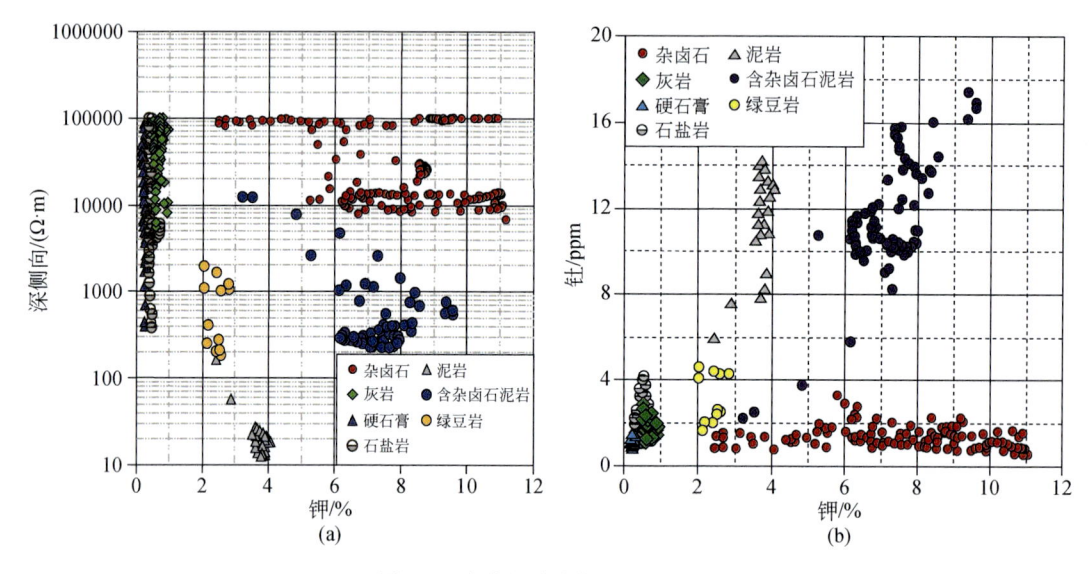

图 4-3 交会图法岩性识别效果图

三、钾电乘积法

在曲线叠合法和交会图法识别岩性的基础上,结合区域地质认识成果,分析发现,随着地层中"新型杂卤石钾盐矿"含量和厚度的增加,钾值增大,电阻率值增大,利用这一特点,可采用钾与电阻率取比值扩大对"新型杂卤石钾盐矿"的敏感性,从而更直观精细地识别嘉陵江组地层中发育的"新型杂卤石钾盐矿"。研究后发现,敏感曲线 K 与电阻率 RD 的对数乘积以 20 为边界线可有效识别出"新型杂卤石钾盐矿":K×log(RD)>20 时,为"新型杂卤石钾盐矿";K×log(RD)<20 时,为非矿层。图 4-4 和图 4-5 分别为应用钾电乘积法对研究区关键井进行岩性定性识别效果图,右起第一红色充填部分为识别的"新型杂卤石钾盐矿"。

四、钾钍比值法

地层中钍元素主要受泥质含量和粒度变化的影响,当地层岩石颗粒粒度变细时,钍值增大;泥质含量增加时,钍值增大。在碳酸盐岩地层中,钍曲线为低值时,可识别为低含黏土地层,排除泥质对识别"新型杂卤石钾盐矿"的影响;钾元素主要受地层中富钾矿物影响,钾曲线对"新型杂卤石钾盐矿"响应敏感,当地层中含"新型杂卤石钾盐矿"时,钾值明显增大。因此,可以综合钾与钍曲线,扩大对"新型杂卤石钾盐矿"的敏感性,将钾与钍的比值作为识别"新型杂卤石钾盐矿"的敏感曲线。研究后发现,敏感曲线 K 与 Th 比值以 1.0 为边界线,可有效识别出"新型杂卤石钾盐矿":K/Th>1.0 时,为"新型杂卤石钾盐矿"层;K/Th<1.0 时,为非"新型杂卤石钾盐矿"层(或"新

型杂卤石钾盐矿"含量较低,多低于10%)。应用钾钍比值法对研究区两口井(图4-6和图4-7)进行岩性定性识别,右起第一红色充填部分为识别的"新型杂卤石钾盐矿"。

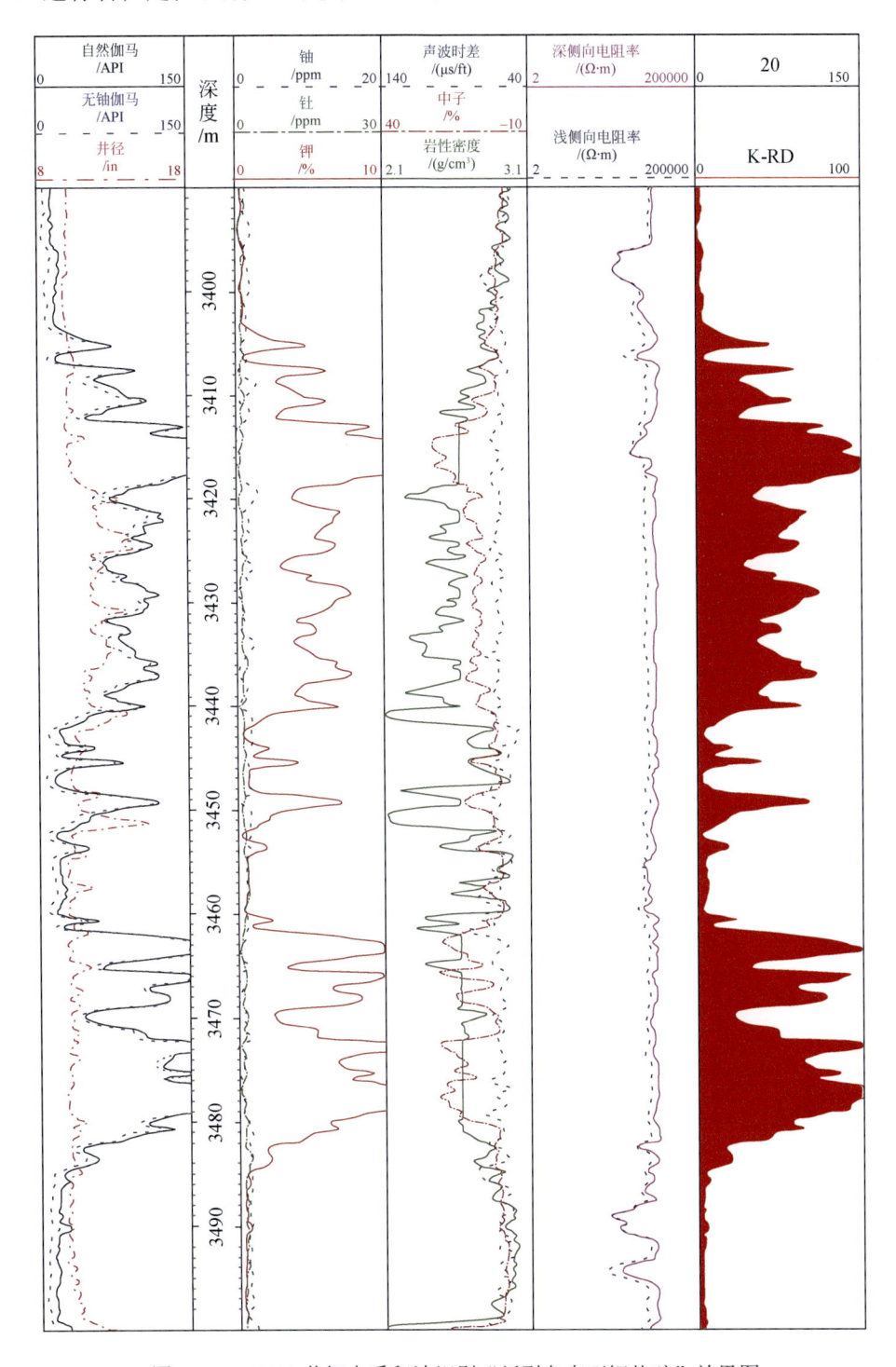

图4-4 DW102井钾电乘积法识别"新型杂卤石钾盐矿"效果图

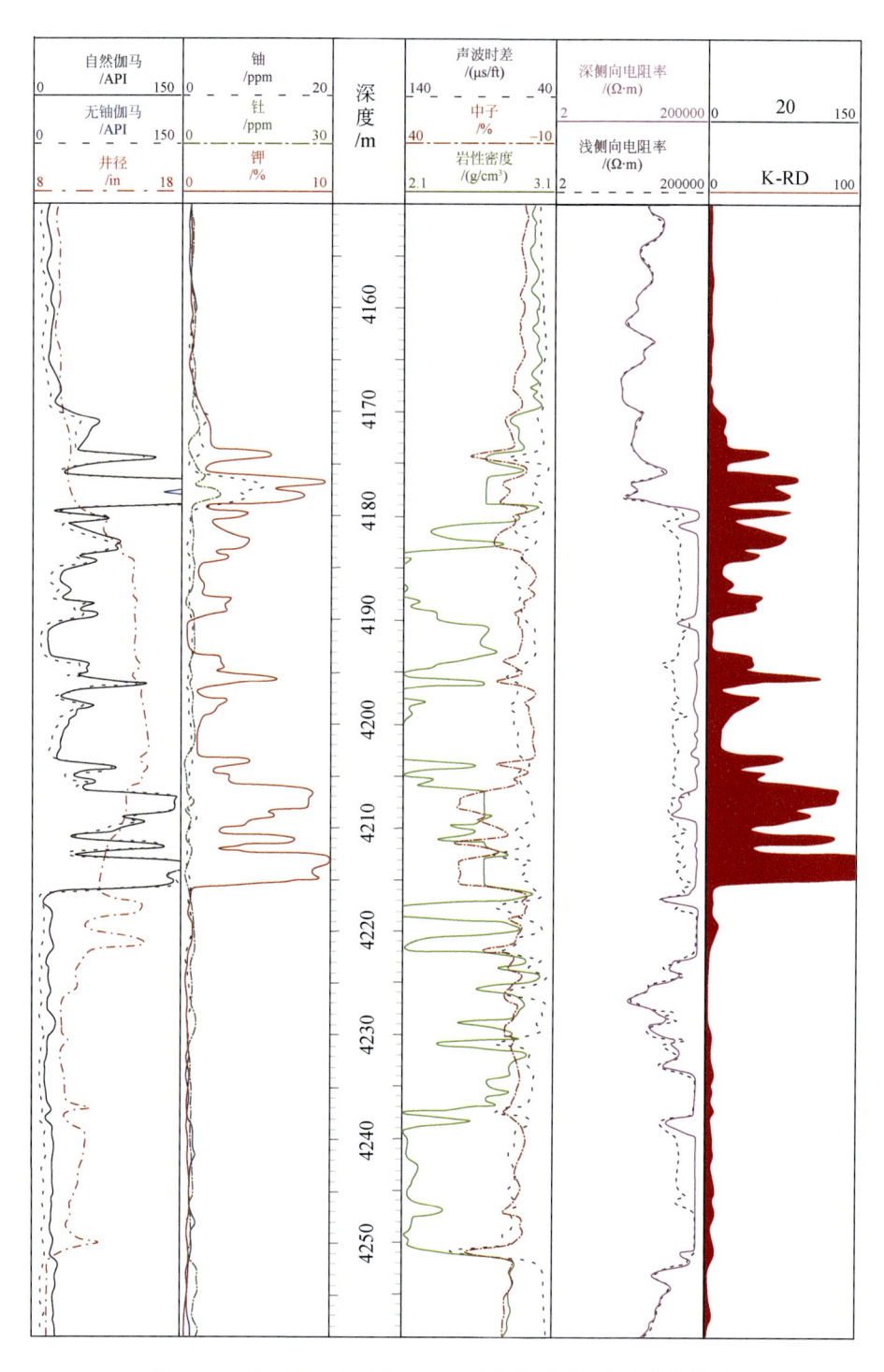

图 4-5 PG8 井钾电乘积法识别"新型杂卤石钾盐矿"效果图

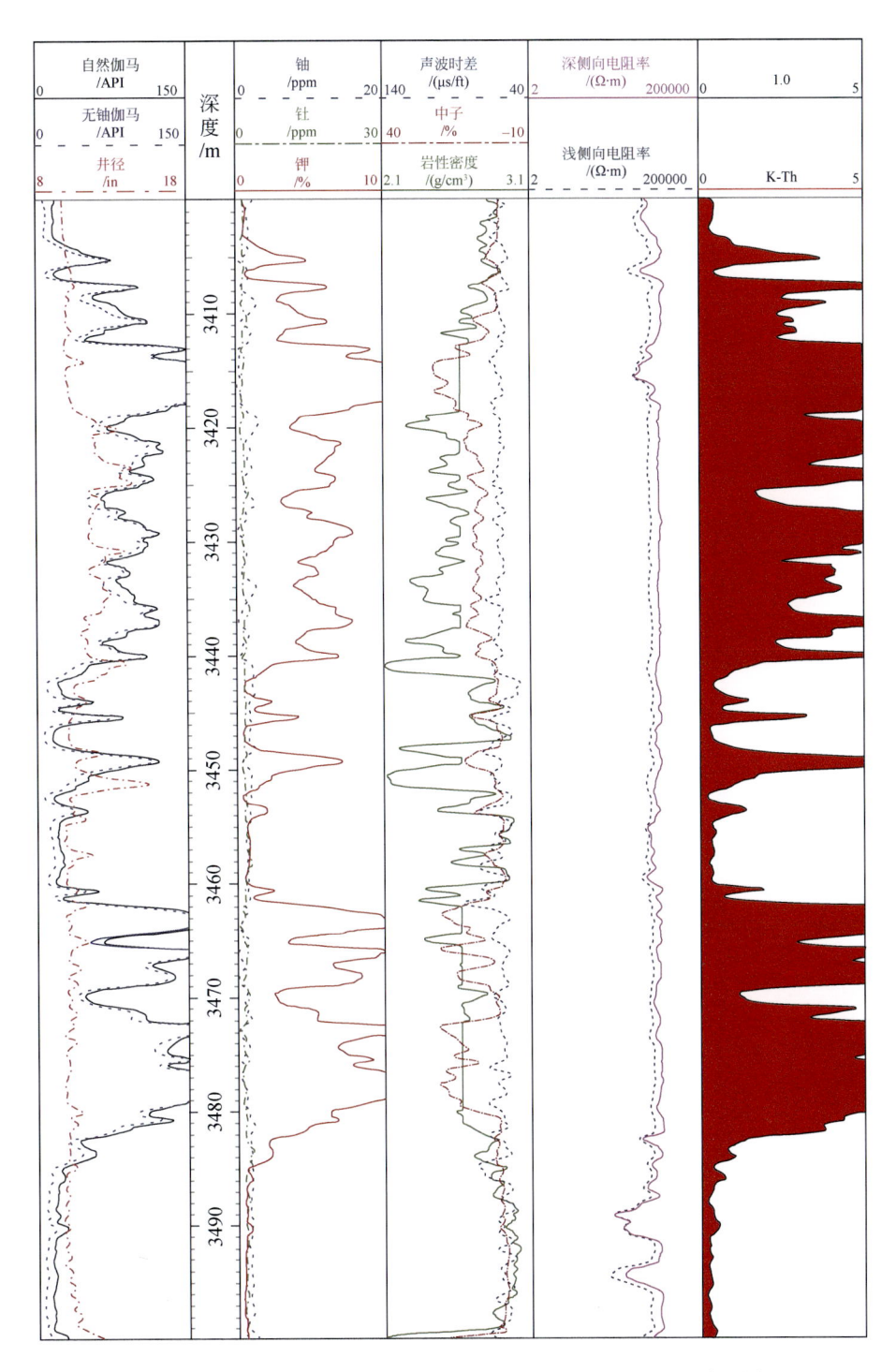

图 4-6 DW102 井钾钍比值法识别"新型杂卤石钾盐矿"效果图

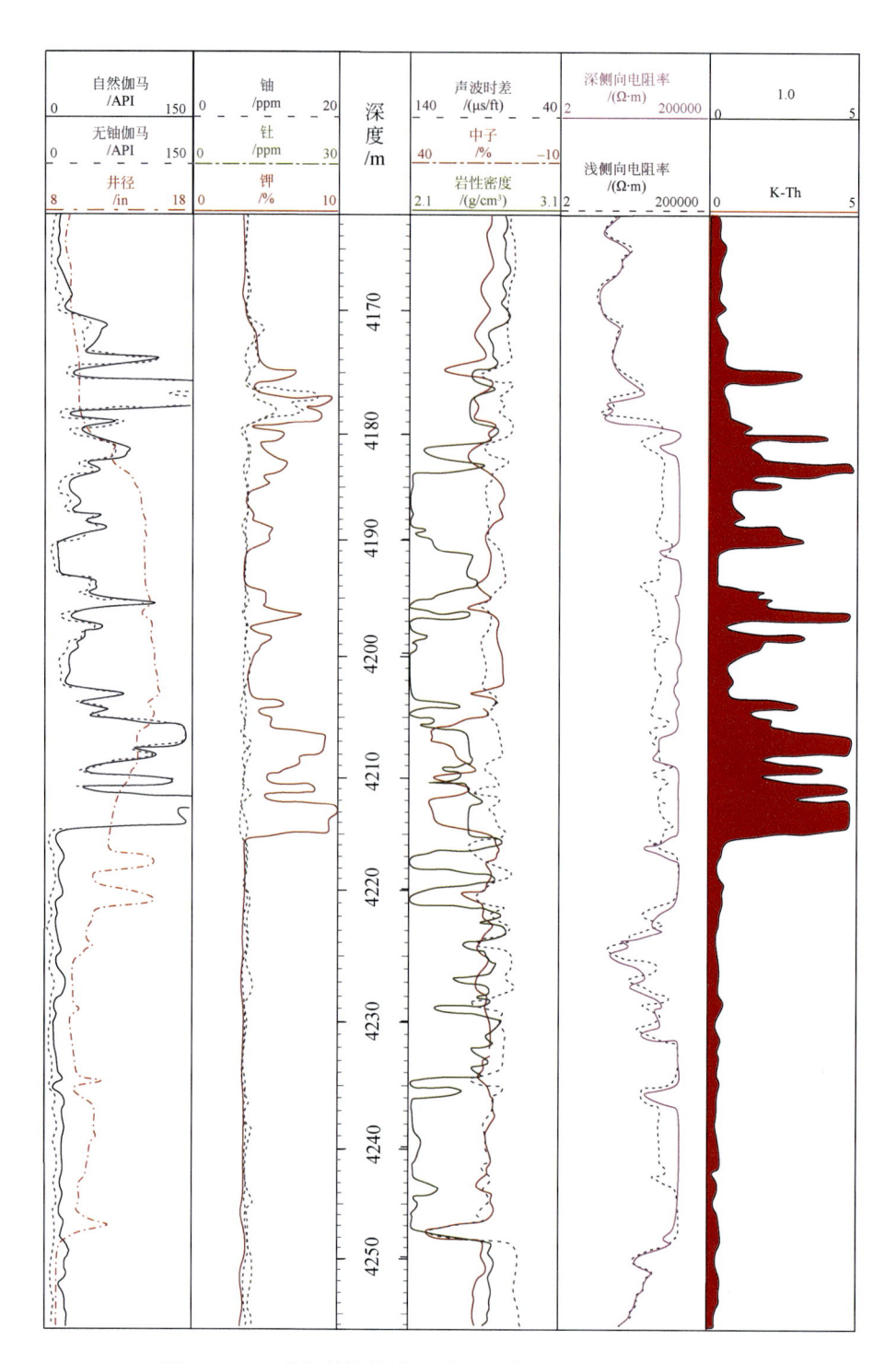

图 4-7 PG8 井钾钍比值法识别"新型杂卤石钾盐矿"效果图

第二节 "新型杂卤石钾盐矿"综合测井定量识别模型的建立

通过上述方法识别"新型杂卤石钾盐矿"取得了一定的成效,进一步结合DW102井典型测井曲线以及恒成公司系列取心井岩心标定后的矿层、隔夹层及围岩的电测数据特征,总结出以下测井曲线典型特征:

宣汉地区三叠系嘉陵江组—雷口坡组通过测井响应特征共可识别出7种常见的岩石类型,分别为石灰岩、白云岩、硬石膏岩、"新型杂卤石钾盐矿"、盐岩、泥岩及含钾泥岩。其中石灰岩在常规测井和自然伽马能谱测井曲线上特征表现为:自然伽马曲线(GR)为低值,介于25~37 API之间,平均为30 API;补偿密度曲线(DEN)为相对中值,介于2.70~2.80 g/cm^{3}之间,平均为2.75 g/cm^3;声波时差曲线(AC)为相对低值,介于44~46 μs/ft之间,平均为45 μs/ft;补偿中子曲线(CNL)为相对低值,介于-2.3%~1.25%之间,平均为-1%;深浅双侧向电阻率曲线(RLLD/RLLS)整体为高值,介于6000~99000 Ω·m之间,平均为53000 Ω·m;自然伽马能谱中铀含量曲线(U)为相对低值,介于1.487×10^{-6}~2.562×10^{-6}之间,平均为2.076×10^{-6};钍含量曲线(Th)为相对低值,介于1.096×10^{-6}~3.033×10^{-6}之间,平均为1.807×10^{-6};钾含量曲线(K)为相对低值,介于0.454%~0.937%之间,平均为0.659%。白云岩在常规测井和自然伽马能谱测井曲线上特征表现为:自然伽马曲线(GR)为低值,介于26~41 API之间,平均为35 API;补偿密度曲线(DEN)为相对高值,介于2.83~2.90 g/cm^{3}之间,平均为2.87 g/cm^3;声波时差曲线(AC)为相对低值,介于46~48 μs/ft之间,平均为47 μs/ft;补偿中子曲线(CNL)为相对低值,介于0~4.2%之间,平均为2.9%;深浅双侧向电阻率曲线(RLLD/RLLS)整体为中值,介于1667~8504 Ω·m之间,平均为3646 Ω·m;自然伽马能谱中铀含量曲线(U)为相对低值,介于1.556×10^{-6}~3.341×10^{-6}之间,平均为2.315×10^{-6};钍含量曲线(Th)为相对低值,介于0.834×10^{-6}~3.369×10^{-6}之间,平均为1.959×10^{-6};钾含量曲线(K)为相对低值,介于0.706%~0.956%之间,平均为0.820%。硬石膏岩在常规测井和自然伽马能谱测井曲线上特征表现为:自然伽马曲线(GR)为极低值,介于11~19 API之间,平均为14 API;补偿密度曲线(DEN)为相对高值,介于2.80~3.03 g/cm^{3}之间,平均为2.96 g/cm^3;声波时差曲线(AC)为相对中值,介于47~54 μs/ft之间,平均为50 μs/ft;补偿中子曲线(CNL)为相对低值,介于-1.5%~0.2%之间,平均为-0.9%;深浅双侧向电阻率曲线(RLLD/RLLS)整体为极高值,介于62000~99990 Ω·m之间,平均为92500 Ω·m;自然伽马能谱中铀含量曲线（U）为相对低值，介于 1.289×10^{-6}～2.337×10^{-6} 之间，平均为 1.731×10^{-6}；钍含量曲线（Th）为相对低值，介于 1.043×10^{-6}～2.317×10^{-6} 之间，平均为 1.430×10^{-6}；钾含量曲线（K）为相对低值，介于 0.287%～0.491%之间，平均 0.379%。"新型杂卤石钾盐矿"在常规测井和自然伽马能谱测井曲线上特征整体表现为：自然伽马曲线（GR）为高值，介于 97～181 API 之间，平均为 139 API；补偿密度曲线（DEN）为相对中值，介于 2.44～2.78 g/cm^3 之间，平均为 2.63 g/cm^3；声波时差曲线（AC）为相对高值，介于 64～69 μs/ft 之间，平均为 67 μs/ft；补偿中子曲线（CNL）为相对高值，介于 8%～21%之间，平均为 16%；深浅双侧向电阻率曲线（RLLD/RLLS）整体为高值，介于 6600～13900 Ω·m 之间，平均为 10200 Ω·m；自然伽马能谱中铀含量曲线（U）为相对低值，介于 0.005×10^{-6}～1.54×10^{-6} 之间，平均为 1.55×10^{-6}；钍含量曲线（Th）为相对低值，介于 0.794×10^{-6}～2.277×10^{-6} 之间，平均为 1.550×10^{-6}；钾含量曲线（K）为相对高值，介于 6.736%～10.911%之间，平均 9.426%。盐岩在常规测井和自然伽马能谱测井曲线上特征表现为：自然伽马曲线（GR）为极低值，介于 12～22 API 之间，平均为 17 API；补偿密度曲线（DEN）为极低值，介于 1.55～2.48 g/cm^3 之间，平均为 1.94 g/cm^3；声波时差曲线（AC）为相对高值，介于 63～88 μs/ft 之间，平均 70 μs/ft；补偿中子曲线（CNL）为相对高值，介于 13%～22%之间，平均为 18%；深浅双侧向电阻率曲线（RLLD/RLLS）整体为高值，介于 17000～99990 Ω·m 之间，平均为 92500 Ω·m；自然伽马能谱中铀含量曲线（U）为相对低值，介于 0.530×10^{-6}～1.823×10^{-6} 之间，平均为 1.230×10^{-6}；钍含量曲线（Th）为相对低值，介于 1.076×10^{-6}～4.167×10^{-6} 之间，平均为 1.760×10^{-6}；钾含量曲线（K）为相对低值，介于 0.265%～0.749%之间，平均为 0.439%。

"新型杂卤石钾盐矿"则带有石盐等其他矿物的岩石物理混合特征，基于上述不同方法和岩石类型对比分析，研究团队创新提出"新型杂卤石钾盐矿""三高、两低、一大"（高伽马、高钾、高电阻、低钍、低铀、大井径）的测井综合识别模型，为深部海相可溶性"新型杂卤石钾盐矿"的识别和预测提供了有效的测井判识方法（图 4-8）。

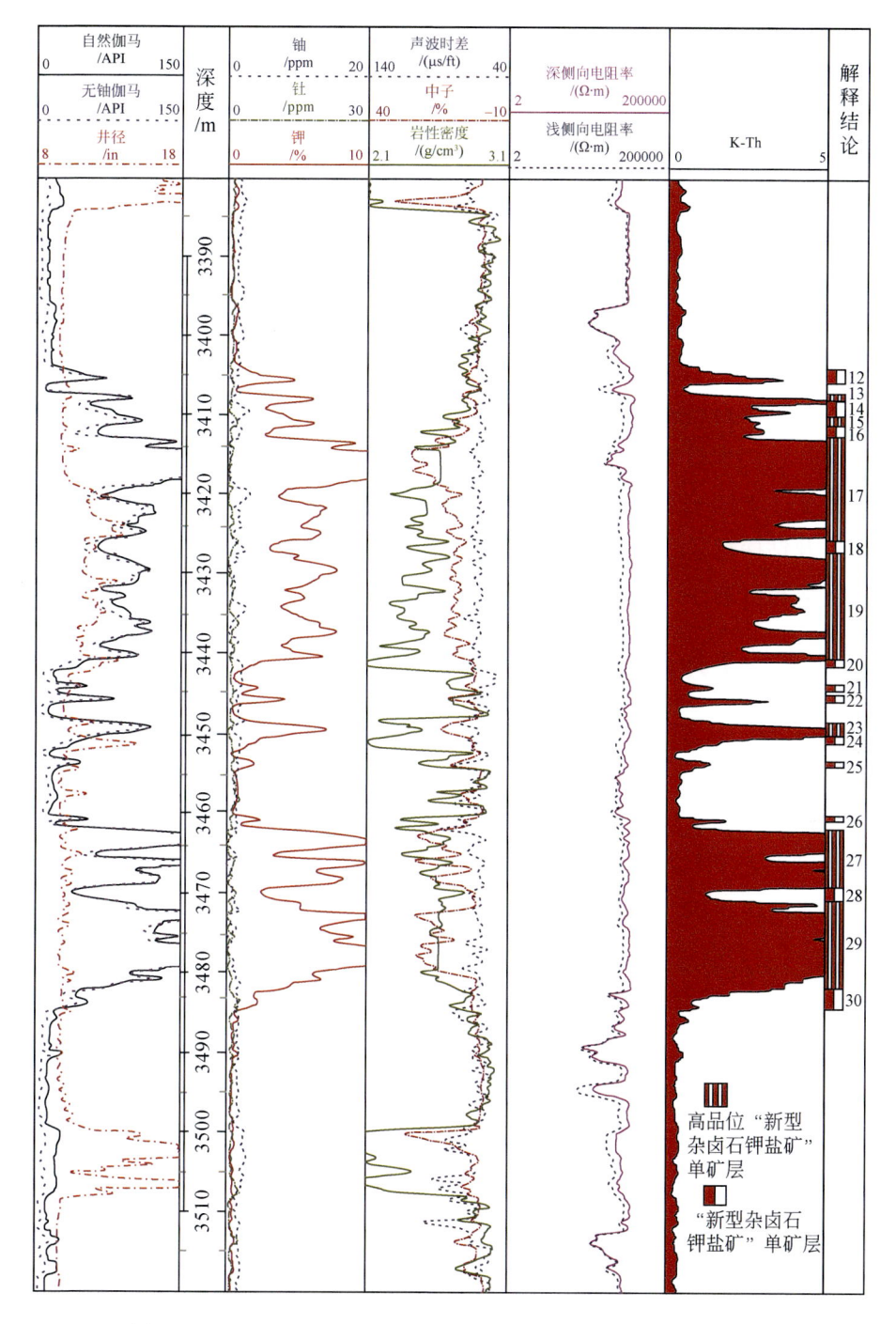

图 4-8　以 DW102 井为例的"新型杂卤石钾盐矿"层测井识别模型

深 3476.30 m，取得了四川盆地东北部黄金口背斜构造上雷口坡组一段和嘉陵江组五段的岩心实物资料。

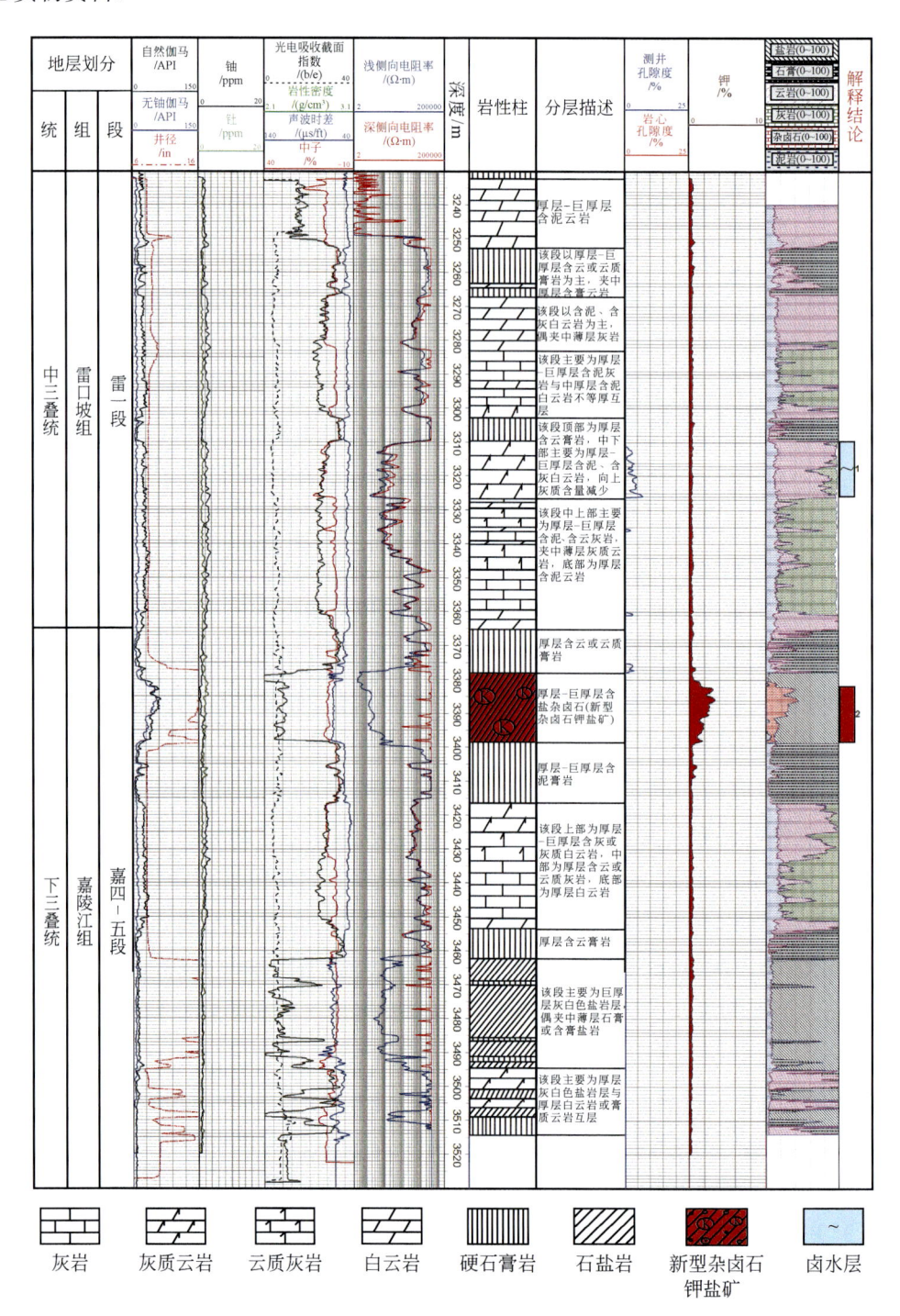

图 5-1　HC1 井嘉陵江组-雷口坡组综合柱状图

雷一段（T_2l^1）厚 192.20 m，主要岩性为灰黑色-深灰色白云岩、膏质白云岩、含灰质白云岩、灰色-灰黑色灰岩、褐灰色-深灰色含白云质灰岩、云质灰岩、白灰色-灰色硬石膏。本井在直井钻进中未发现区域上雷一段底与嘉五段顶界的标志层岩性"绿豆岩"。嘉五段（T_1j^5）：井深 3430.00～3476.30 m，钻厚 46.30 m。顶部以灰白色硬石膏、灰白色膏质盐岩、无色盐岩等厚互层。

HC3 井在嘉五段二亚段出现"新型杂卤石钾盐矿"，呈粉末状、蠕虫状、不规则团块状、条带状赋存于红色石盐基质中，此类"新型杂卤石钾盐矿"是一种新类型海相可溶性固体钾盐矿床，分布于 3430～3454 m，累计厚度 13.5 m。红色石盐基质晶体颗粒结晶较好，颗粒直径约为 0.2～0.5 cm。单晶颗粒为粒状和立方体状，玻璃光泽，解理完全，柱面沿解理面裂纹发育较好，清晰可见（图 5-2）。

图 5-2 HC3 井嘉陵江组嘉五段二亚段"新型杂卤石钾盐矿"岩心（左：3437 m；右：3439 m）

对 HC3 井"新型杂卤石钾盐矿"段进行水溶主微量成分测试，得出 Na^+ 平均含量为 30.36%、K^+ 平均含量为 5.53%、Ca^{2+} 平均含量为 3.91%、Mg^{2+} 平均含量为 0.96%、Cl^- 平均含量为 48.27%、SO_4^{2-} 平均含量为 15.03%、Br^- 平均值为 187 ppm、Br^-/Cl^- 平均值为 0.32。根据杂卤石分布特征和组分特征，判别此种杂卤石可能属动力破碎成因。

（二）地球物理资料综合解释

1. 测井解释及连井对比

富钾锂卤水一般储存于三叠系嘉陵江组-雷口坡组白云岩中，其测井响应通常具有"四低三高"特征：低自然伽马、低自然电位、低电阻率、低密度、高中子孔隙度、高声波时差、高钾（伽马能谱）。而"新型杂卤石钾盐矿"通常发育于嘉陵江组嘉四-五段盐岩中或与硬石膏互层（图 5-3），其测井响应通常表现出"高伽马、高钾、高电阻、低钍、低铀"三高两低特征，其中"新型杂卤石钾盐矿"因赋存于盐岩层段，较常规杂卤石其井径扩大明显。

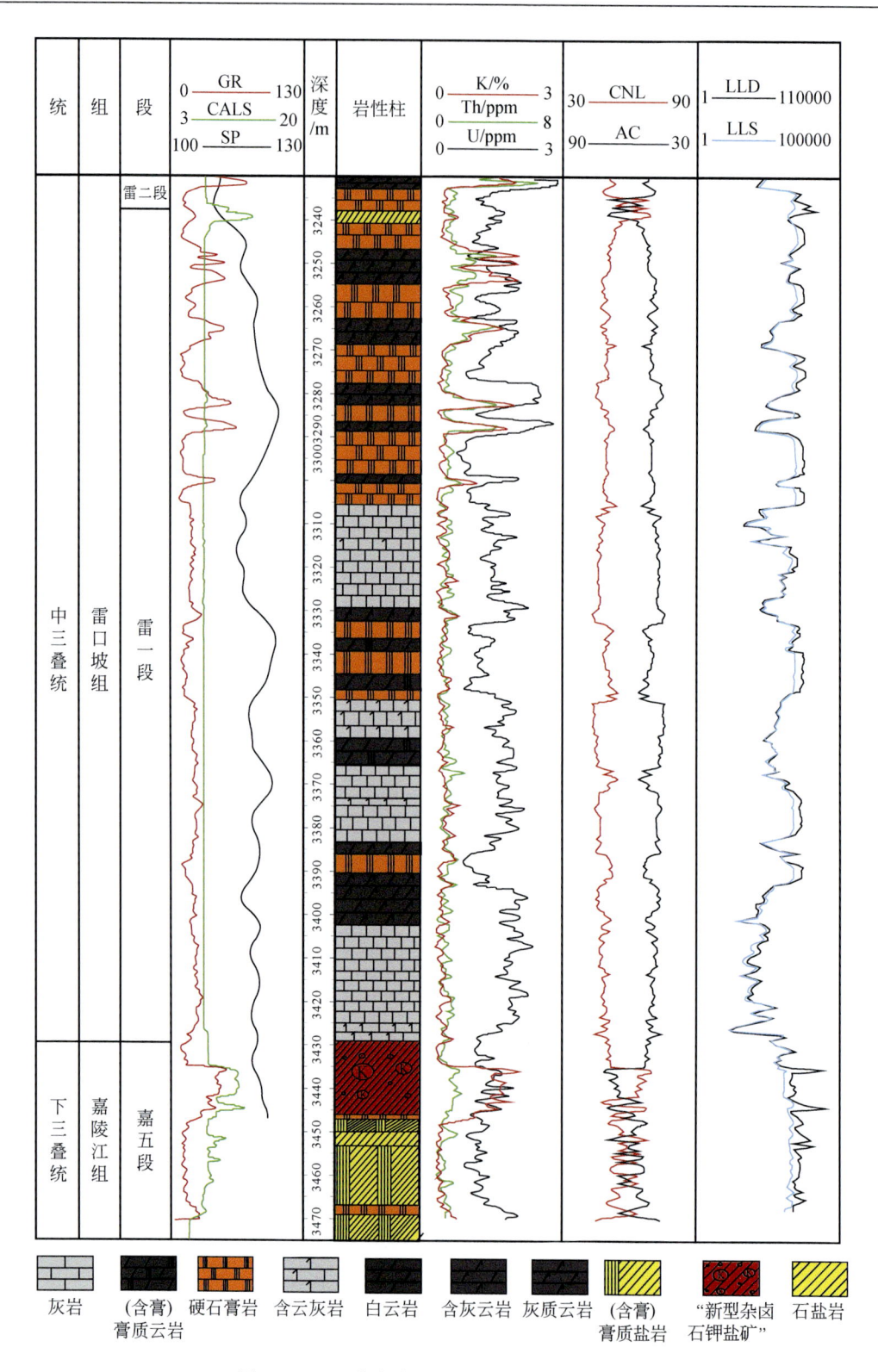

图 5-3　HC3 井嘉陵江组-雷口坡组综合柱状图

1）DW102 井"新型杂卤石钾盐矿"矿层测井解释

DW102 井位于四川盆地川东断褶带大湾-雷音铺背斜构造中部，钻遇地层自上而下为：中生界侏罗系中统上沙溪庙组、下沙溪庙组、千佛崖组、下统自流井组，三叠系上统须家河组、中统雷口坡组、下统嘉陵江组、飞仙关组，古生界二叠系上统长兴组，本井地层序列正常。

其中，中三叠统雷口坡组一段（T_2l^1）厚 139.5 m，地层沉积为膏岩、白云岩频繁薄互层，分析为局限蒸发台地潮上云膏坪相沉积特征。灰白色硬石膏岩与灰色、深灰色膏质白云岩、泥质白云岩呈不等厚互层。下三叠统嘉陵江组（T_1j）位于 2875.0～4369.0 m，厚 1511.0 m。其中嘉陵江组嘉四-五段（T_1j^{4-5}）厚 853.0 m，地层沉积呈现多套厚层膏盐，反映出水体浅、蒸发快的沉积特征，为典型蒸发台地沉积。岩性主要为硬石膏岩、白云岩、盐岩呈不等厚互层，间夹云质泥晶灰岩。

经测井数据解释，DW102 井嘉陵江组嘉四-五段"新型杂卤石钾盐矿"发育较典型，具有累计厚度大、层数多的特点，全井共解释"新型杂卤石钾盐矿"层合计 31 层 82.7 m，单层解释厚度介于 0.5～13.4 m 之间。分别在井深 3092.3～3193.9 m 和 3404～3484.4 m 发育两套较厚的"新型杂卤石钾盐矿"层。测井显示该井"新型杂卤石钾盐矿"发育层段扩径明显（表 5-2）。

表 5-2　DW102 井三叠系"新型杂卤石钾盐矿"矿层测井解释结果

解释层号	起始深度/m	截止深度/m	有效厚度/m	自然伽马/API	无铀伽马/API	深侧向电阻率/(Ω·m)	浅侧向电阻率/(Ω·m)	声波时差/(μs/ft)	补偿中子/%	岩性密度/(g/cm³)	解释结论
1	3092.3	3093	0.8	40.56	31.6	6125.6	4945.3	66.9	1.92	2.216	"新型杂卤石钾盐矿"
2	3098.9	3100.9	2	42.52	34.2	6537.1	5325.5	61.75	3.28	2.406	"新型杂卤石钾盐矿"
3	3132.4	3132.9	0.5	44.85	32.7	7875.9	4499.2	62.16	6.84	2.581	"新型杂卤石钾盐矿"
4	3173.5	3174.5	1	59.85	50.3	632.75	676.62	59.7	5.34	2.906	"新型杂卤石钾盐矿"
5	3178.4	3180.3	1.9	66.76	47.6	281.62	312.92	63.5	16.03	2.734	"新型杂卤石钾盐矿"
6	3180.3	3185.1	4.8	124.87	120	782.77	548.57	61.47	18.55	2.714	高品位"新型杂卤石钾盐矿"
7	3185.1	3186.6	1.5	78.95	62	806.94	565.17	67.48	10.11	2.735	"新型杂卤石钾盐矿"
8	3186.6	3187.4	0.8	126.79	106.2	218.89	180.86	61.98	13.76	2.299	高品位"新型杂卤石钾盐矿"
9	3190.1	3191.4	1.3	60.7	44.8	6782.5	4350.5	77.62	6.62	2.263	"新型杂卤石钾盐矿"
10	3191.4	3193	1.6	94.27	88.9	6916.7	5141.5	79.44	9.77	2.628	高品位"新型杂卤石钾盐矿"

续表

解释层号	起始深度/m	截止深度/m	有效厚度/m	自然伽马/API	无铀伽马/API	深侧向电阻率/(Ω·m)	浅侧向电阻率/(Ω·m)	声波时差/(μs/ft)	补偿中子/%	岩性密度/(g/cm³)	解释结论
11	3193	3193.9	0.9	60.83	47.1	9474.1	6654.8	73.88	3.05	2.874	"新型杂卤石钾盐矿"
12	3404	3405.8	1.8	52.17	45.1	12719	5889.6	57.23	3.64	2.801	"新型杂卤石钾盐矿"
13	3407.1	3408	0.9	84.15	79.3	16222	7670.2	55.52	4.73	2.79	高品位"新型杂卤石钾盐矿"
14	3408	3409.9	1.9	72.14	57.5	14121	6570.4	62.01	1.71	2.759	"新型杂卤石钾盐矿"
15	3409.9	3411.1	1.2	96.93	88.4	14730	7141.5	59.55	6.99	2.718	高品位"新型杂卤石钾盐矿"
16	3411.1	3412.5	1.4	65.42	53.4	12267	6309.6	59.04	5.57	2.629	"新型杂卤石钾盐矿"
17	3412.5	3425.5	13	129.67	121.2	9666.4	5282.4	62.23	13.47	2.526	高品位"新型杂卤石钾盐矿"
18	3425.5	3427	1.5	69.14	56.3	12629	6366.8	61.42	6.53	2.511	"新型杂卤石钾盐矿"
19	3427	3440.4	13.4	95.79	88.5	12475	6794.9	61.66	8.23	2.402	高品位"新型杂卤石钾盐矿"
20	3440.4	3441.4	1	56.1	43	10261	5657.1	65.97	2.69	2.106	"新型杂卤石钾盐矿"
21	3443.6	3444.4	0.8	44.47	32.8	13257	7720.6	59.24	3.42	2.742	"新型杂卤石钾盐矿"
22	3444.9	3445.8	0.9	61.35	51.1	13478	7919	62.96	6.97	2.727	"新型杂卤石钾盐矿"
23	3448.4	3450.1	1.7	93.23	84.2	12791	7247.1	65.15	10.23	2.328	高品位"新型杂卤石钾盐矿"
24	3450.1	3451.1	1	53.69	40.9	10130	5418.5	65.72	3.38	2.112	"新型杂卤石钾盐矿"
25	3453.3	3454	0.7	43.62	32.6	10807	6565.3	71.95	7.83	2.563	"新型杂卤石钾盐矿"
26	3460.1	3460.9	0.8	44.48	32.4	12135	6701.4	72.22	2.77	2.46	"新型杂卤石钾盐矿"
27	3461.8	3469.1	7.3	130.99	121.4	11317	7104.2	62.12	12.81	2.556	高品位"新型杂卤石钾盐矿"
28	3469.1	3470.8	1.7	56.87	47.9	8480.3	6134.6	62.74	2.83	2.695	"新型杂卤石钾盐矿"
29	3470.8	3481.8	11	140.24	131	11678	7145.7	61.26	12.37	2.625	高品位"新型杂卤石钾盐矿"
30	3481.8	3484.4	2.6	52.84	42.3	9300.9	5930.5	62.03	2.33	2.779	"新型杂卤石钾盐矿"
31	3608	3609	1	60.2	51.9	16053	8481.1	62.68	5.52	2.658	高品位"新型杂卤石钾盐矿"

2）PG6井新型杂卤石钾盐矿层测井解释

PG6井构造位置处于川东黄金口构造带普光-双石庙背斜普光构造南部高点，井深5510.00 m，由上至下钻遇中生界侏罗系中统上沙溪庙组、下沙溪庙组、千佛崖组，侏罗系下统自流井组（大安寨段、马鞍山段、东岳庙段、珍珠冲段），三叠系上统须家河组、中统雷口坡组、下统嘉陵江组、飞仙关组，二叠系上统长兴组，本井所钻地层层序正常，特征清楚。

雷一段（T_2l^1）位于3814.50～3961.00 m，厚146.50 m，岩性为膏岩与白云岩频繁互层，反映较干燥的强蒸发环境，主要为局限蒸发台地潮上云膏坪。上部（3814.50～3890.00 m）岩性主要为深灰色泥质白云岩、石膏质白云岩、白云岩，与灰白色石膏岩呈薄互层；下部（3890.00～3961.00 m）岩性主要为厚层灰白色石膏岩，与深灰色泥质白云岩、白云岩，灰绿色、深灰色灰质白云岩呈不等厚互层。

嘉五段（T_1j^5）位于3961.00～4007.00 m，厚46.00 m。沉积物以膏岩为主，间夹少量白云岩和灰岩。反映水体深浅变化较大，海面开阔和封闭交替变化，沉积相为蒸发台地云膏坪相。上部（3961.00～3989.00 m）岩性主要为灰白色石膏岩、无色盐岩，间夹2层深灰色白云岩；下部（3989.00～4007.00 m）岩性为一套厚层灰色石膏质灰岩。

嘉四段（T_1j^4）位于4007.00～4197.00 m，厚190.00 m。以大套厚层膏盐岩为主，为蒸发台地云膏坪沉积。上部（4007.00～4118.50 m）岩性为厚层灰白色石膏岩、无色盐岩。膏盐岩占地层厚度的100.0%；中部（4118.50～4149.00 m）岩性以褐灰色、灰色灰岩为主，夹1层薄层灰白色石膏岩；下部（4149.00～4197.00 m）为厚层灰白色石膏岩、无色盐岩。

测井解释揭示三叠系"新型杂卤石钾盐矿"发育于嘉陵江组嘉四段4114.3～4140.9 m，累计厚度为9.9 m/7层（表5-3）。

表5-3 PG6井三叠系"新型杂卤石钾盐矿"矿层解释

解释层号	起始深度/m	截止深度/m	有效厚度/m	自然伽马/API	无铀伽马/API	深侧向电阻率/(Ω·m)	浅侧向电阻率/(Ω·m)	声波时差/(μs/ft)	补偿中子/%	岩性密度/(g/cm³)	解释结论
1	4114.3	4116.8	2.5	64.41	45.7	17857	13455	72.33	19.46	2.398	"新型杂卤石钾盐矿"
2	4116.8	4117.8	1	102.21	90.5	41732	30113	97.59	26.55	2.398	高品位"新型杂卤石钾盐矿"
3	4117.8	4119	1.2	60.1	55.2	45484	38017	81	20.1	2.359	"新型杂卤石钾盐矿"
4	4121.4	4122	0.6	78.43	46.8	62482	24265	82.28	21.87	2.472	"新型杂卤石钾盐矿"
5	4122	4123.4	1.4	125.83	115.5	86841	41541	66.12	17.88	2.47	高品位"新型杂卤石钾盐矿"
6	4133.5	4135.1	1.6	56.49	47.2	47862	22042	79.13	14.66	2.454	"新型杂卤石钾盐矿"
7	4139.3	4140.9	1.6	57.38	52.2	8170.1	7706.9	70.07	12.53	2.478	"新型杂卤石钾盐矿"

3）中-下三叠统"新型杂卤石钾盐矿"的矿层对比

从南西至北东方向，HC3 井已获岩心资料显示该地区嘉陵江组五段上层具 13.5 m "新型杂卤石钾盐矿"矿层。测井解释显示，向北东方向 DW102 井有 31 层"新型杂卤石钾盐矿"矿层，累计厚度 82.7 m，主要分布于嘉四-五段。PG6 井测井解释，PG6 井嘉四-五段有 7 层"新型杂卤石钾盐矿"矿层，厚度 9.9 m。连井对比显示，该构造区域内嘉陵江组嘉四-五段杂卤石向北东方向厚度增加，层数增多，以 DW102 井附近发育最为良好，也表明邻近 DW102 井是"新型杂卤石钾盐矿"勘查的最优地区。

2. 地震资料解释

1）地震构造特征分析

川东北宣汉地区位于川东断褶带的东北段，与大巴山冲断褶皱带前缘的双重叠加构造区相邻，整体呈北东向延伸，北侧为大巴山弧形褶皱带，西侧以华蓥山断裂为界与川中平缓褶皱带相接。

在大构造环境下，由于印支晚期以来，区块东北面南秦岭海槽回返造山、盆山耦合作用以及东南边雪峰基底拆离造山作用，多期次、多方向（北东→南西以及南东→北西）挤压结果，导致川东北地区形成典型的前陆盆地逆冲双重构造以及复杂的构造复合叠加现象，以两大滑脱层为界划分为上、中、下 3 个构造形变层，构造形变极不协调，中、上构造形变层构造均属薄皮构造范畴。由于构造应力作用及两大滑脱层造就了垂向构造分异、平面构造分带，中构造层形成一系列以北东向为主的发端于主滑脱层向上消失于主滑脱层区域断裂以及反冲次级逆冲断层，上构造层形成以北西向为主的断裂体系，断层多规模小。

从剖面分析，如图 5-4 所示，纵向上发育两个主要塑性滑脱层和多个次级塑性滑脱

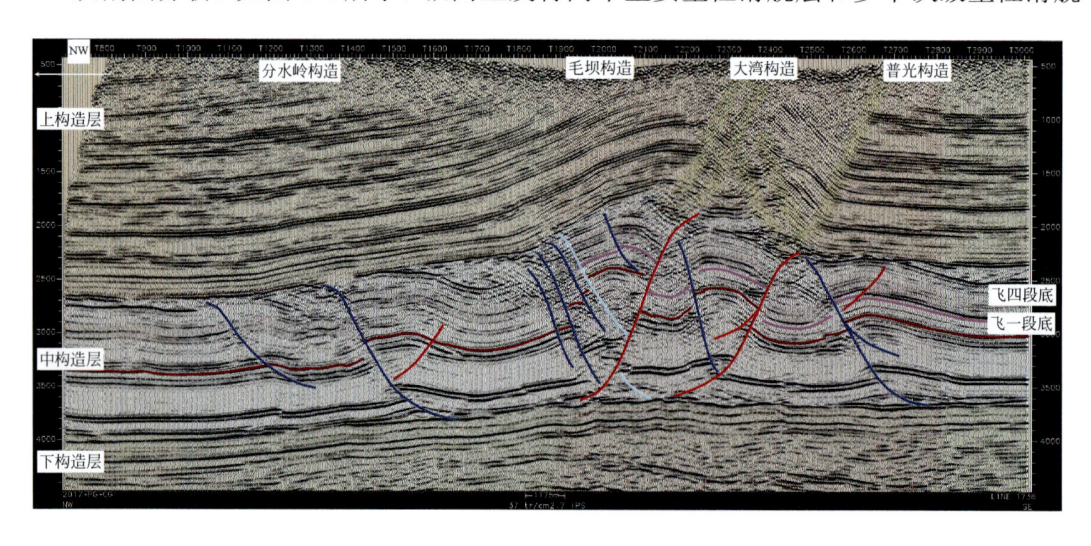

图 5-4　毛坝-大湾地区新三维工区东西向地震剖面

层，以嘉陵江组嘉四段-嘉五段膏盐岩和下寒武统页岩为主滑脱层，下志留统泥页岩是重要的次滑脱层，除此之外，尚发育多个次要滑脱层。以 2 个主滑脱层为界，可划分为上、中、下 3 个形变构造层。上形变层包括上主滑脱层及其以上地层，以陆相地层为主；中形变层以下主要滑脱层为界，包括寒武系泥质岩底至上主滑脱层底之间的寒武系—三叠系嘉陵江组嘉一段—嘉三段地层，是本区高应变层；下形变层是指寒武系底界以下地层，为稳定形变单元。

嘉四-五段膏岩、盐岩等塑性岩层发育，是区域上最重要的滑脱层，以滑脱层为界，分为上下两个构造层和两套断裂体系，发育逆冲断层和断垒、断凹构造。上构造层雷口坡组变形较弱，厚度相对稳定；嘉四-五段变形强烈，厚度变化大。在挤压构造运动作用下，嘉四-五段塑性岩层发生横向流动或变形，造成嘉四-五段在上构造层的断垒部位增厚，在断凹部位减薄，在下构造层的断垒部位断凹部位增厚，断垒部位减薄。受此影响，地层局部褶皱、叠合增厚，局部减薄甚至部分层段整体挤出缺失。

2）地震反射特征分析

嘉陵江组四段底部岩性以白云岩、灰岩与硬石膏互层为主，与下伏三段的灰岩间具有较强的波阻抗差异。但由于膏盐地层具有较强的可塑性，该反射波组复杂，能量变化大，反射同相轴时多时少，反射层在地震剖面上呈丘状反射，弧形绕射波十分发育，反映了膏盐岩层揉皱变形特征，部分区段较难追踪。

DW102 井嘉四-五段杂卤石发育较典型，具有累计厚度大、层数多的特点，地震剖面上可在井深 3092.3～3193.9 m 和 3404～3484.4 m 识别出两套较厚的杂卤石层（图5-5）。全井共解释新型杂卤石钾盐矿层合计 31 层 82.7 m，单层解释厚度介于 0.5～13.4 m

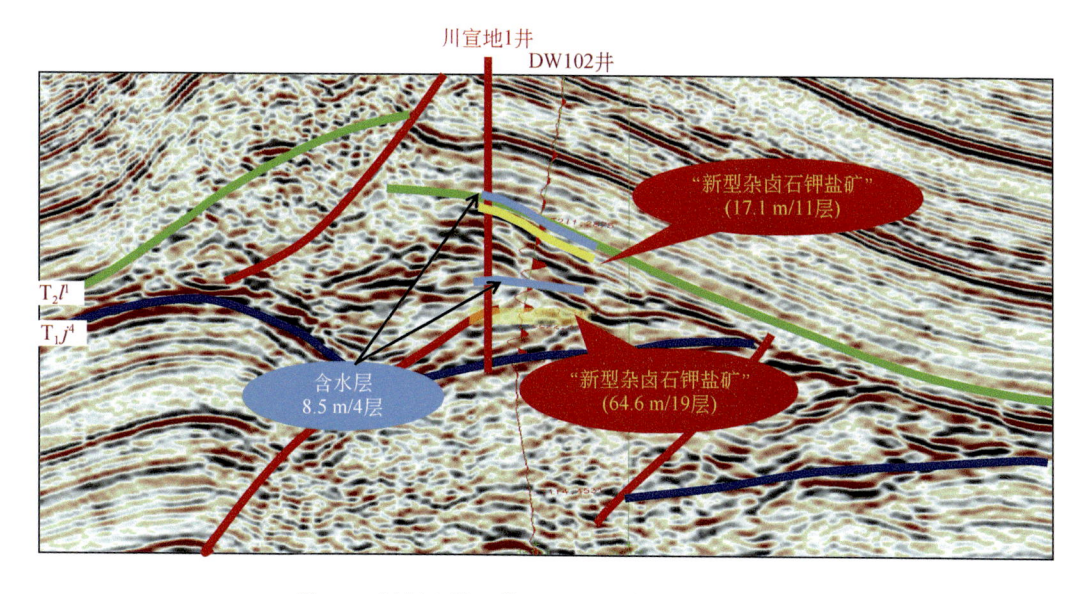

图 5-5　过川宣地 1 井、DW102 井地震反射剖面

之间（表5-2）。杂卤石主要发育在嘉四-五段的底部，地震反射特征杂乱，能量较强。川宣地1井邻近DW102井，依据DW102井进行井震标定、层位追踪并对杂卤石进行解释，显示该井所在大湾构造嘉四-五段杂卤石发育较为广泛、分布稳定，尤其构造核部区域杂卤石厚度增厚明显，是杂卤石有利勘探部位（图5-5、图5-6）。

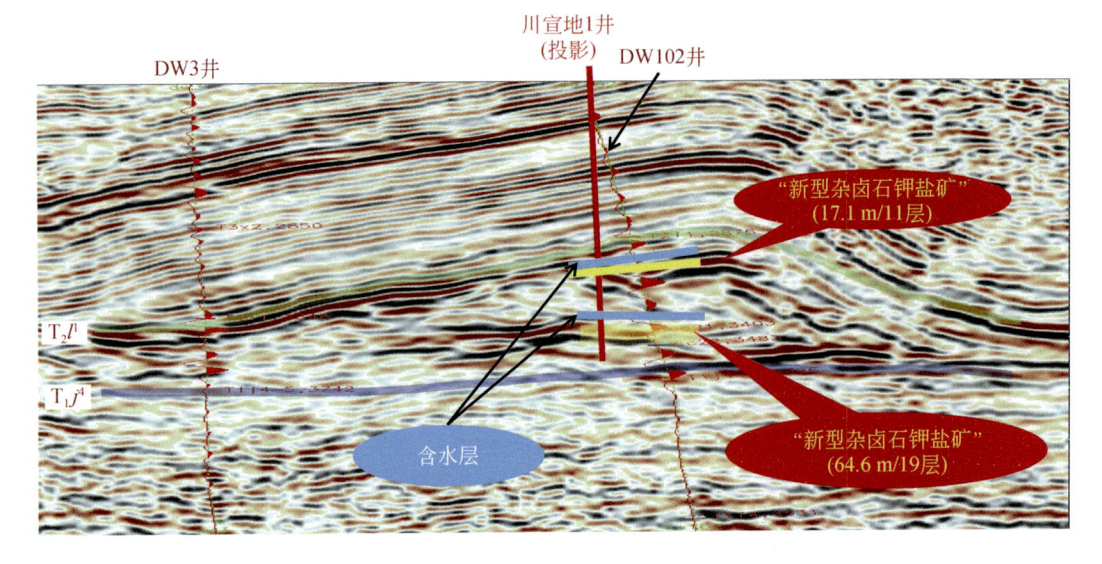

图5-6 过川宣地1井（投影）、DW102井、DW3井地震反射剖面

四、川宣地1井设计柱状图及"新型杂卤石钾盐矿"发育层位预测

（一）川宣地1井钻井分层及其岩性预测

根据上述邻井资料，DW102井与DW3井为相对较近的钻井，参考其嘉陵江组四-五段、雷口坡组的岩性组合特征，并依据地震剖面最新解释成果，编制了川宣地1井三叠系—侏罗系预计地层分层数据表（表5-4）。

川宣地1井目的层嘉陵江组四-五段、雷口坡组一段岩性特征：雷口坡组一段厚140 m，岩性为灰白色硬石膏岩与灰色、深灰色膏质白云岩、泥质白云岩不等厚互层，其中膏质白云岩与泥质白云岩厚度共约80 m，占比为57%。嘉陵江组四-五段厚1045 m，岩性主要为硬石膏岩、白云岩、盐岩呈不等厚互层，间夹云质泥晶灰岩，其中白云岩和盐岩厚度共约525 m，占比为50%；嘉四-五段为川宣地1井富钾锂卤水与杂卤石主要发育层段。其中白云岩层为卤水主要富集层段。杂卤石则包括"新型杂卤石钾盐矿"和石膏型杂卤石。其中"新型杂卤石钾盐矿"中内碎屑颗粒杂卤石呈星点状、不规则团块状或似条带状分布于石盐基质中，大小不一，杂卤石团块有近似等轴的似圆状-似方状到长条状-椭球状-不规则状等不同形状,似条带状杂卤石具明显的揉皱和破碎现象。杂卤石呈灰白色或肉红色,发育暗色条纹,具贝壳状断口,粉晶-细晶结构,其中灰白色-黑色杂卤石不透明、呈土状光泽或光泽不明显,可能是杂卤石团块中含其他杂质较多造成;肉红色杂卤石半透明、蜡状光泽、结构细腻致密。而与石膏互层杂卤石则发育于硬石膏层中,杂卤石多为灰白色、深灰色,呈块状、条带状、薄层状与硬石膏互层。

表5-4 川宣地1井预计地层分层数据

地层					设计分层	
界	系	统	组	段	底界深度/m	厚度/m	岩性特征
中生界	侏罗系	中统	上沙溪庙组		325	325	紫红色泥岩、粉砂质泥岩与灰色、绿灰色细砂岩、粉砂岩、泥质砂岩、泥质粉砂岩呈不等厚互层
^	^	^	下沙溪庙组		959	634	主要为紫红色泥岩与绿灰色细砂岩、粉砂岩、泥质粉砂岩不等厚互层
^	^	^	千佛崖组		1478	519	上部为紫红色泥岩与灰色细砂岩不等厚互层;中部为紫红色泥岩和黑灰色泥岩;下部为灰色、绿灰色细砂岩和黑灰色、灰色泥岩不等厚互层
^	^	下统	自流井组		1930	452	主要为细砂岩、粉砂岩与泥岩呈不等厚互层
^	三叠系	上统	须家河组		2417	487	灰色、深灰色泥岩,浅灰色、灰白色中砂岩、细砂岩、粉砂岩,间夹薄层黑灰色泥岩、碳质泥岩、煤层
^	^	中统	雷口坡组	三段	2579	162	以灰色、浅灰色泥晶灰岩、深灰色含泥泥晶灰岩、灰色云质灰岩为主,夹薄层灰白色硬石膏层、灰色灰质白云岩
^	^	^	^	二段	2685	106	主要为灰白色硬石膏岩、云质硬石膏岩与灰色白云岩、灰质白云岩、深灰色含泥膏质白云岩不等厚互层
^	^	^	^	一段	2825	140	灰白色硬石膏岩与灰色、深灰色膏质白云岩、泥质白云岩呈不等厚互层
^	^	下统	嘉陵江组	四-五段	3870	1045	主要为硬石膏岩、白云岩、盐岩,上部预测发育卤水层,"新型杂卤石钾盐矿"预测发育多层,间夹云质泥晶灰岩
^	^	^	^	三段	3900	30(未见底)	以厚层灰色灰岩为主,夹薄层灰白色硬石膏岩、灰色白云岩

(二)"新型杂卤石钾盐矿"发育层位预测

分析显示:嘉陵江组四-五段中下部发育多段海相蒸发岩层,为"新型杂卤石钾盐矿"发育层段。

第二节　川宣地 1 井探获厚层高品位海相钾盐工业矿层

川宣地 1 井于 2020 年 8 月完钻（井深 3797 m），累计取心 837.25 m，岩心采取率 98.08%，在井深 2900~3400 m 的嘉四-五段发现多层海相富钾锂卤水和厚层新型杂卤石钾盐工业矿层。有关富钾锂卤水将另文论述，本书重点讨论新型杂卤石钾盐的岩矿特征、矿石品位、矿层厚度及其成果意义。针对川宣地 1 井发现的厚层"新型杂卤石钾盐矿"，系统开展了岩心观察、镜下鉴定及电子探针等研究工作，并通过高密度采样（样品间隔 10 cm 左右），采用等离子光谱仪和等离子质谱仪测试了该层段 475 个粉末样品的主微量元素。上述测试工作在国家地质实验测试中心和青海省地质矿产测试应用中心完成，并对测试结果进行了对比校正。

川宣地 1 井目的层岩心揭示了海侵-海退（碳酸盐岩-蒸发岩）两套较大的蒸发旋回，其中蒸发岩分别位于 3000.67~3062 m 和 3119.63~3698.46 m，下文称为上蒸发岩段和中蒸发岩段。岩心高品位海相可溶性"新型杂卤石钾盐矿"工业矿层累计厚达 29.46 m、氯化钾（KCl）平均含量为 12.03%，上、中两个蒸发岩段中都含有钾盐矿层，厚度分别为 22.66 m（井深 3012.11~3060.61 m 范围）和 6.8 m（井深 3358.1~3388.1 m 范围），KCl 平均品位分别为 14.61% 和 6.04%（图 5-7）。

需要说明的是，现行古代盐类矿产勘查规范中，氯化钾、光卤石、杂卤石的地下开采的工业指标：边界品位均为 KCl 质量分数≥3%（K^+ 质量分数≥1.6%），氯化钾和光卤石的最低工业品位 6%，杂卤石最低工业品位 8%，最低可采工业钾盐矿层厚度为 0.5 m。

"新型杂卤石钾盐矿"主要出现在浓缩程度较高阶段的上蒸发岩段中（3000.67~3062 m），杂卤石碎屑颗粒在岩心中分布不均匀，测井和测试结果拟合性较好，表明测试数据效果较好。测井和测试结果显示中蒸发岩段的岩性较为复杂，总钾含量相对较低；上蒸发岩段杂卤石含量较高，是本次研究的重点。

"新型杂卤石钾盐矿"主要化学成分为 Na^+、K^+、Ca^{2+}、Mg^{2+}、Cl^-、SO_4^{2-}、OH^-、水不溶物等。主要矿物成分为杂卤石、硬石膏、石盐、白云石、菱镁矿以及少量的石英和黏土矿物（高岭石、水云母等）。

第五章 创新理论引领海相钾盐找矿取得突破

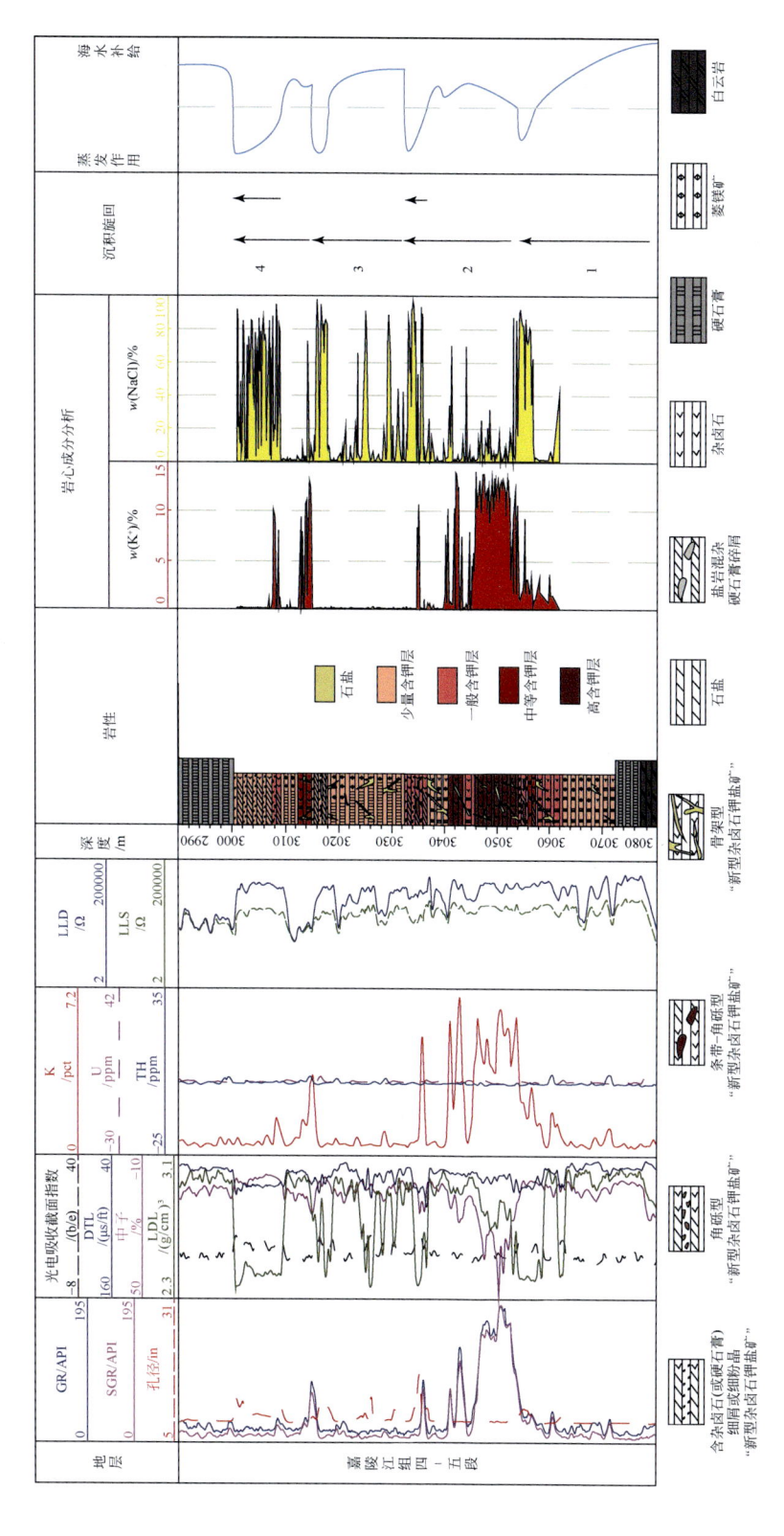

图 5-7 川宣地 1 井上蒸发岩段(上矿层)岩心综合柱状图及样品位置(张永生等,2024)

第六章 宣汉亿吨级海相可溶性固体钾盐矿的发现

第一节 达州市宣汉地区矿区地质

一、矿区地表构造

川东北宣汉地区位于川东断褶带的东北段,与大巴山冲断褶皱带前缘的双重叠加构造区相邻,整体呈北东向延伸,北侧为大巴山弧形褶皱带,西侧以华蓥山断裂为界与川中平缓褶皱带相接。

(一)矿区褶皱

区内褶皱主要分为两组:北西向组(属大巴山推覆带前缘断褶带)和北东向组(川东断褶带)(图6-1)。

1. 北西向组褶皱

由近平行的北西向褶皱组成,从西南到东北,岩层倾角渐增,褶皱渐趋紧密,卷入地层渐老。多数背斜北东翼较陡,南西翼较缓,其中鼻状背斜多向北西倾没。

(1)五龙山鼻状背斜:出露在图区东北角,不完整,轴向北西,北东翼产状略陡,南西翼产状略缓,枢纽向北西端倾伏。

(2)分水岭鼻状背斜:北西起于平昌城隍庙,向南东经宣汉小池溪至江华山一带,长约20 km,轴迹略呈反"S"形弯曲,总的轴向为北50°西,长20 km。组成地层为上沙溪庙组到蓬莱镇组下段,从南东往北西由老渐新。北东翼向翼部外围变陡,往北西变缓,两翼产状一般10°左右,局部10°~20°。

(3)周家砦鼻状背斜:出露在宣汉土主镇-双河镇一带,轴向北40°西,长6 km。地层为上下沙溪庙组。北西端抬起较陡,倾角45°~25°,向南东渐缓,为10°~11°,是在黄金口背斜向南西端发展起来的。

(4)东岳寨鼻状背斜:出露在宣汉长房子到柳家湾一带,轴向60°西,长约17 km。地层为上沙溪庙组,两翼倾角7°~12°。是在七里峡北斜北东倾末端发展起来的鼻状突起。

(5)帽盒山向斜:轴向北60°西,长约14 km,卷入地层为中-上侏罗统,两翼大致对称,倾角10°~20°。两翼有孙家沟逆断层,倾向北西,倾角50°,轴部有帽盒山逆断层。

（6）柳池-三河场向斜：发育在宣汉柳池、新红至三河场一带，长 22 km。轴向北 60°～70°西，组成地层为下沙溪庙组。南东端较陡，两翼不对称，南西翼 30°～40°，北东翼 11°～18°；往北西逐渐变缓，倾角 10°～16°，但在断层及陡带附近，常达 40°～50°。

（7）月儿梁背斜：位于宣汉王家梁至飞机梁一带，长约 13 km。轴向北 60°～70°西，地层主要为上、下沙溪庙组。背斜形态受陡带控制，横剖面呈箱形。北翼野猪山

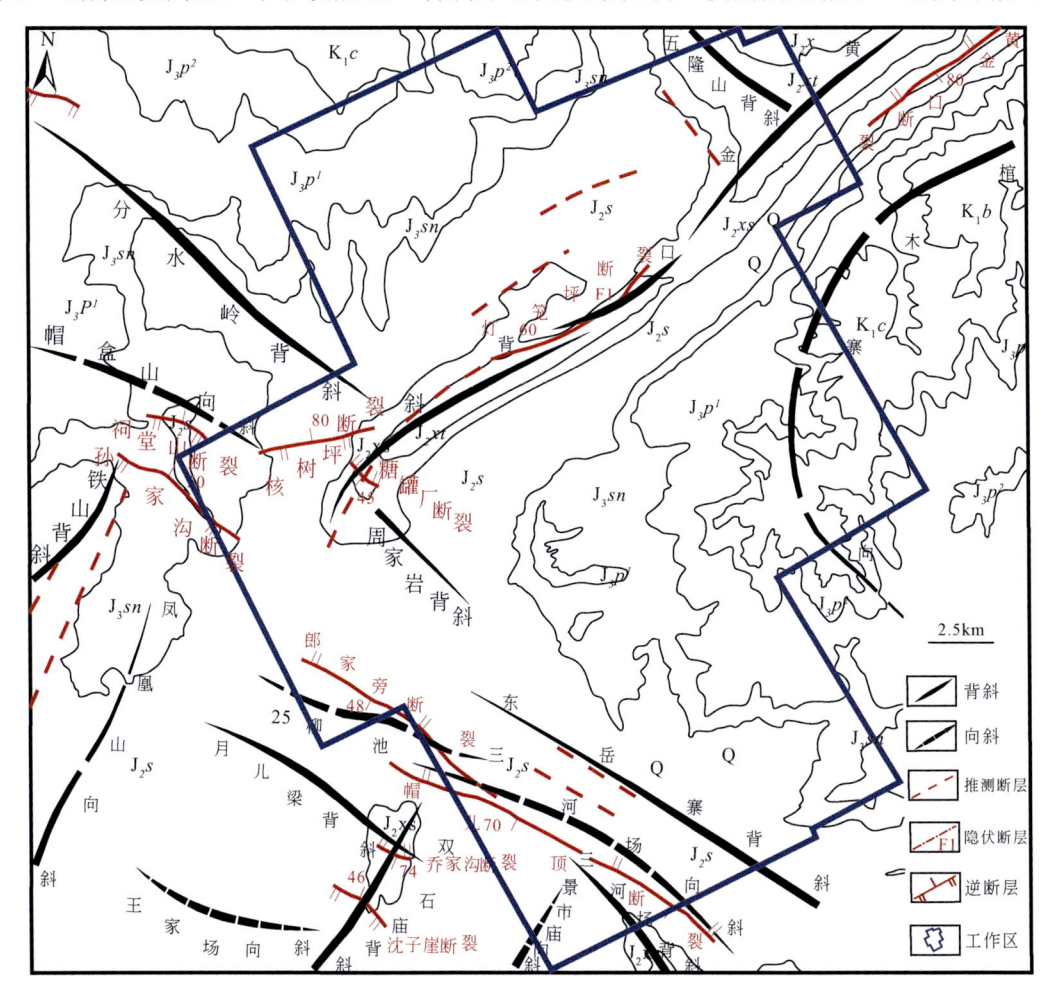

图 6-1 工作区构造纲要图（据四川省地质局一〇七地质队，1980，补充本次工区范围）

Q-第四系；K_1b-白龙组；K_1c-苍溪组；J_3p^2-蓬莱镇组二段；J_3p^1-蓬莱镇组一段；J_3sn-遂宁组；J_2s-上沙溪庙组；J_2xs-下沙溪庙组；J_2xt-新田沟组

陡带，走向和轴线相同，长约 15 km，宽约 300～500 m，倾角一般 50°，局部直立或倒转，在丁家、土地梁形成南倾逆断层。南翼陡带二分：东为金家垭口陡带，长约 3 km，宽约 30 m，倾角一般 50°～60°，最大 70°～80°，在金家坡一带形成逆断层；西为乔家沟陡带，长约 6～7 km，最大宽度 150 m，在乔家沟一带形成逆断层。在陡带及断裂带

附近，岩层挤压，砂岩菱形破碎，泥岩波状弯曲，斜冲擦痕，岩层牵引等现象十分普遍。擦痕指示断层北盘向南东方向平移。背斜以及陡带和断层都跨过了北东向双石庙背斜，二者构成清楚的"十"字构架。

（8）王家场向斜：出露在王家场一带，轴向北 50°～70°西，南东端扬起，向北西端散开。地层为上沙溪庙组，两翼不对称，北东翼倾角 7°～12°，南西翼 5°～8°。

（9）三河场鼻状背斜：位于宣汉三河场以西，在七里峡背斜北倾末端南西翼位于下沙溪庙组中发展起来的构造，轴向北 25°～50°西，区内长 9 km。北东翼陡，倾角 29°～36°，南西翼缓，12°～35°，向北西两翼逐渐变缓。

2. 北东向组褶皱

属川东褶带北延部分。背斜枢纽起伏多高点，背斜之间和高点之间右列为主。

（1）黄金口背斜：区内只出露一部分，从宣汉罗家坪往北东出图，区内全长约 28 km。轴向北 50°～60°东。该背斜总体由一系列右列背斜构成背斜群，区内由南西向北东依次为罗家坪背斜、付家山背斜、灯笼坪背斜，区外则依次为金树湾背斜、盐井坝背斜、官渡场背斜。背斜狭长不对称，南东翼倾角 30°～60°，北西翼倾角 20°～35°，略具箱形特征。组成地层为侏罗系中统新田沟组到上沙溪庙组。

（2）棺木寨向斜：出露在宣汉张家坪、老君场一带。轴向北 40°东至北 40°西，呈向西弯突之弧形。轴部及南东翼地层为蓬莱镇组下段和下白垩统，北西翼及背斜西端为蓬莱镇组。翼角 5°～15°，北西翼棺木寨到四方寨一带大于 20°。

（3）铁山背斜：区内只出露北东端部分，由上沙溪庙组组成，背斜两翼不对称。北西翼倾角 15°左右，南东翼 15°左右。

（4）凤凰山向斜：区内出露部分，地层组成主要为上沙溪庙组，北东端有少量遂宁组和蓬莱镇组下段。翼角产状 5°～15°左右。

（5）双石庙背斜：位于宣汉熊家沟、双石庙、庙儿坪一带。轴向北 40°东，向北渐向北东偏，到熊家沟一带已是北 25°东，长 28 km，区内出露不全。由新田沟组到上沙溪庙组组成。两翼略不对称，南东翼倾角 15°～21°，北西翼倾角 11°～18°，在北西向陡带附近，倾角较陡，可达 50°。在月儿梁一带和北西向月儿梁背斜构成清楚的"十"字架格。在乔家沟及沈子崖，北西向陡带局部形成逆断层，切过背斜轴线。

（6）景市庙向斜：出露在宣汉城东，出露不完整，轴向北 30°东。两翼略不对称，南东翼 3°～15°，北西翼 4°～10°。

（二）矿区断裂

区内断裂同褶皱伴生，也分为北东向组和北西向组。

1. 北西向组

（1）关刀场逆断层：位于分水岭背斜北西端北东翼，走向北西，倾向北东，长约 5 km。

（2）孙家沟断裂：为一逆断层，倾向北东，倾角 50°，长度约 5.5 km。其北东侧为祠堂山断裂，倾向北东，长度约 2.5 km。

（3）糖罐厂断裂：为一逆断层，发育在黄金口背斜南西端，长度约 1.5 km，倾向北东，倾角 45°。

（4）郎家塝断裂：为一压扭性逆断层，位于新红至方斗场以东，长约 9 km。走向和轴向相同，倾向南西，倾角 39°～42°，地层断距最大 125 m，最小 10 m。

（5）帽儿顶逆断裂：发育在野猪山到三河场一带。断层倾向南西，倾角 70°，长约 14 km，为一压扭性断层。

（6）乔家沟断裂：为一逆断层，断层倾角 74°，断层面倾向南西，长度约 1.5 km，为月儿梁背斜刺穿地表所致。

（7）沈子崖断裂：也为月儿梁背斜刺穿地表所致。断层倾向北东，倾角 46°，长度约 2.5 km。

2. 北东向组

（1）黄金口断裂：区内出露不完整，长度约 6.5 km，走向北东，倾向南东，倾角 80°，黄金口至郎家寨为一陡带，岩层倾角 60°～70°。

（2）灯笼坪断裂：走向北东，倾向北西，倾角 60°左右，地表出露约 7.5 km，向南西可能延伸到黄金口背斜最南端。

（3）核树坪断裂：走向北东东，倾向北北西，倾角 80°左右，延伸长度约 5 km。

二、矿区深部构造

在地震解释的基础上，在普光三维地震覆盖区，编制了矿区目的层嘉陵江组四-五段底界和雷口坡组底界构造平面图。由图 6-2 和图 6-3 可以看出，宣汉地区断裂体系主要受早燕山期雪峰山构造活动、晚燕山—早喜马拉雅期龙门山构造运动以及晚喜马拉雅期大巴山隆起期构造活动控制，形成了北东向和北西向两组断裂体系。

1. 深部北东向断裂体系

深部北东向断裂体系主要为晚燕山期雪峰山构造活动和龙门山构造活动控制。早燕山期构造活动主要受来自南东向挤压应力控制，南东向挤压应力不断增强，形成了冲断刚性地层的断坡，二叠至三叠系中构造层在断坡部位形成断弯褶皱。当逆冲断层冲断刚性地层之后，在三叠系下统嘉陵江组膏盐层内部形成新的断坪，并产生局部滑脱。由于膏盐层具有极强的可塑性，挤压应力不断释放、消减，断层活动结束。此阶段为断层的收敛消亡阶段。

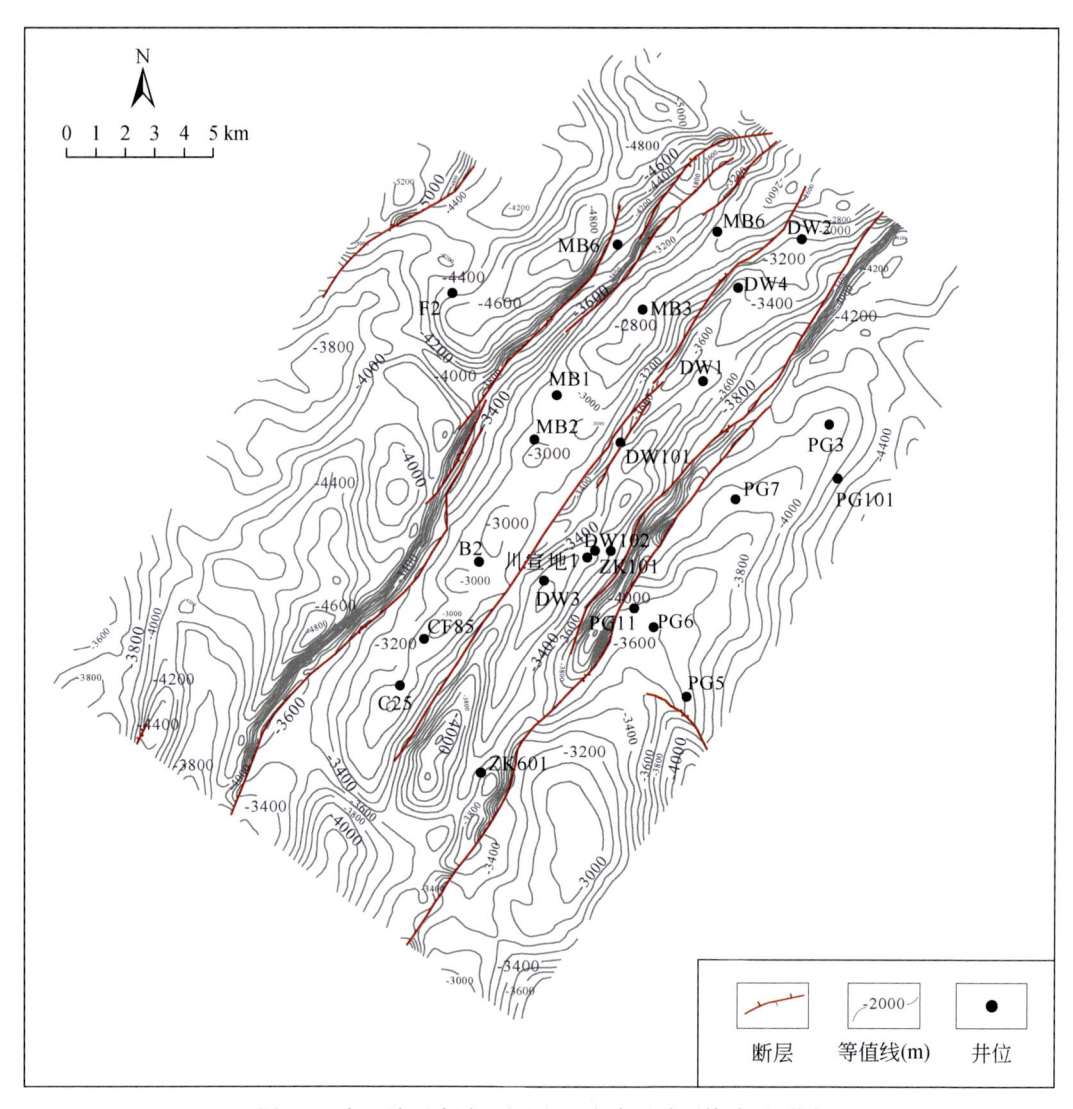

图 6-2　宣汉地区嘉陵江组四-五段底界矿区构造平面图

晚燕山—早喜马拉雅期，龙门山构造活动形成了北西向挤压应力环境。该时期的断裂对早期南东向挤压形成的断层具有改造作用，尤其是对膏岩层以上的地层，体现在北西倾断层断距明显较大。本期构造作用形成的断层一般与早期断层形成对冲或背冲式组合。

2. 深部北西向断裂体系

北西向断裂体系主要集中于背斜两侧翼部的毛坝、普光地区，主要受晚喜马拉雅期大巴山隆起活动控制，断面为北东、南西向，受早期构造活动制约，活动规模一般较小，断距一般为 200~300 m。断面倾向可划分为北东倾和南西倾两种，北东倾断层一般为主控断层。

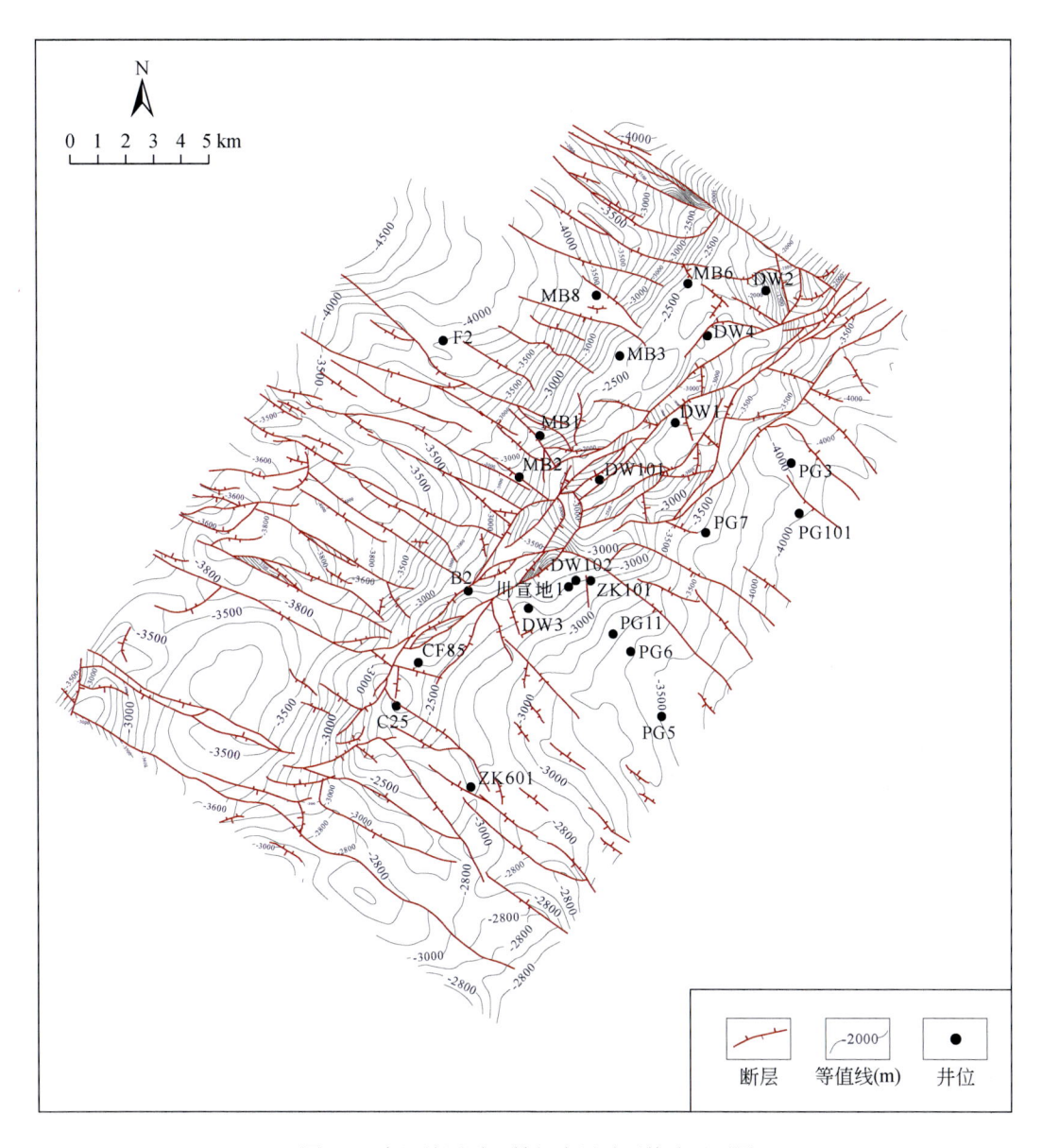

图 6-3 宣汉地区雷口坡组底界矿区构造平面图

三、矿区地层地震解释

（一）地震测井标定

工作区含矿地层为嘉陵江组四-五段。通过地震测井标定，对目的层测井、地震对应关系进行分析。从图 6-5 所示的 PG9 井标定结果可以看到雷口坡组岩性为薄层膏盐-

云岩互层，地震为弱地震反射；嘉四-五段多为膏盐与低速盐岩互层，地震上表现为强波峰-波谷特征。充分利用研究区内各井的测井资料制作了合成地震记录（图6-4），T_1j^{4-5} 和 T_2l^1 两个反射层对应性较好。

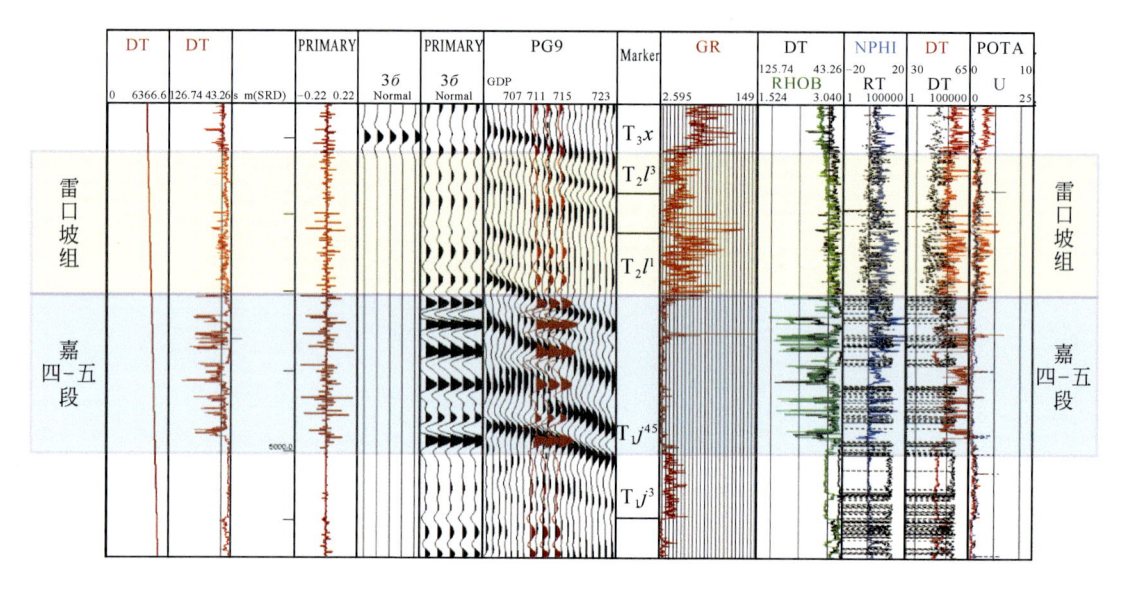

图 6-4　PG9 井地震标定结果

宣汉地区含"新型杂卤石钾盐矿"目的层段主要集中在嘉四-五段，其沉积特征呈现多套厚层膏盐岩，为典型蒸发台地的盐膏盆和云膏坪互层沉积；作为区域滑脱层，受区域挤压应力的影响，呈现不等厚变形特征；地震上顶底为较连续的中强反射，内部为不稳定振幅、弱连续反射特征（图6-5）。普光三维频率相对较高。由于"新型杂

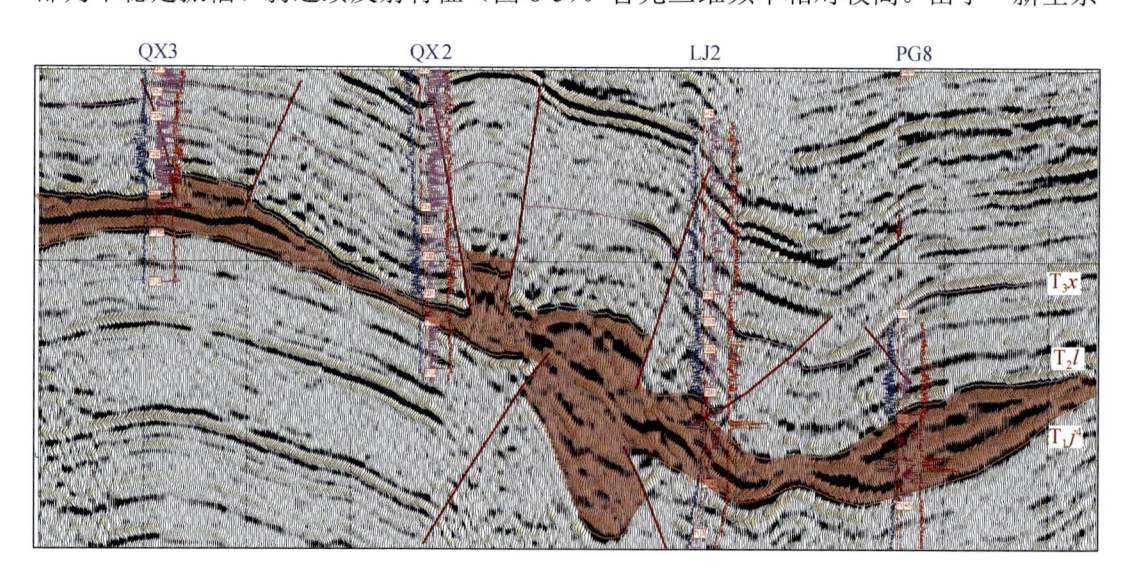

图 6-5　宣汉地区嘉陵江组嘉四-五段地震反射特征分析图

卤石钾盐矿"发育于厚层盐岩中,因此其频谱上低频波谷的背景特征较明显。同时受薄层"新型杂卤石钾盐矿"的影响,又具有高频、弱波峰特征。比较"新型杂卤石钾盐矿"不发育的盐岩层,"新型杂卤石钾盐矿"发育部位低频和高频特征都较突出,频带较宽。结合地震特征分析情况实现对富钾层系的地震旋回识别和分析,研究发现该区目的层段从水进到水退蒸发,发育4个旋回,形成4个膏岩-盐岩集中段。在挤压应力作用下,除①旋回底部脆性地层之外,①~④旋回塑性地层,以及夹持在塑性地层之间的脆性地层都能够被挤出变形,最易被挤出变形的是②旋回段,其次为①③旋回段,再次为④旋回段。厚层"新型杂卤石钾盐矿"主要发育于②旋回段的上部(图6-6)。

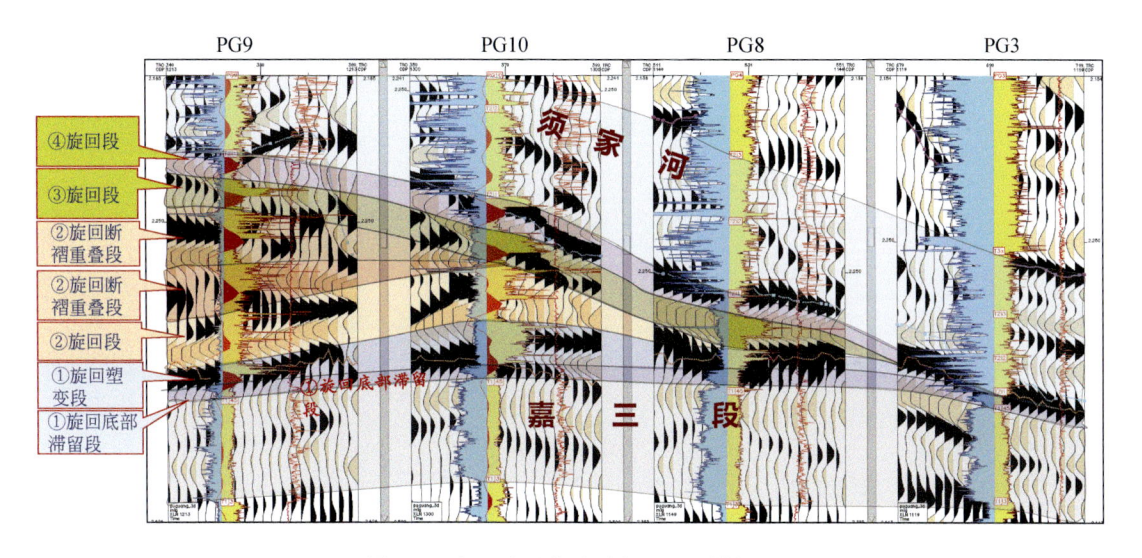

图6-6 宣汉地区井震联合对比反射剖面

(二)地震剖面精细构造解释

川东北宣汉地区逆断层发育,且断层断距较大,各种地质体反射特征错综复杂,为了保证解释成果的可靠性和准确性,利用SM1井、MB1井、MB2井、MB3井、MB6井、PG1井、PG2井、PG3井、PG4井、PG5井、PG6井、PG9井等20余口钻井的合成地震记录,通过单井层位标定和联井剖面对比,对地震反射层位的地质属性综合标定,标定过程中综合考虑地质分层、断层组合、地层结构和地震反射波组合特征,标定并追踪对比解释了2个主要地震反射层位。构造解释采用叠后时间偏移地震资料,按照"从井点出发,由点到线,由线到面"的方法,在地震精细标定的基础上,首先解释过单井的主测线及联络线地震剖面,对全区由稀到密、由粗到细,逐步对全区的各个地震反射层进行依次加密解释。最终建立20×20网格的骨干解释剖面,确定构造解释框架，在此基础上，加密解释成 10×10 网格的解释剖面。断层的解释主要依据三维区内断层在时间剖面上表现出的断点附近反射波同相轴能量明显衰减、相位错动、扭曲或分叉、产状不一致、造成层间时差发生变化等特征在剖面上进行。在断层解释过程中，同时结合三维时间水平切片、相干数据体切片、层拉平和三维可视化等解释技术，这些解释技术的综合应用，确保了断层在空间形态及动力学特性上的合理性。结合地震标定和地震反射特征认识情况，对目标区嘉陵江组四-五段目的层构造进行解释（图6-7～图6-10）。

（三）含钾盐矿体地震反射特征

嘉陵江组四段底部岩性以白云岩、灰岩与硬石膏互层为主，与下伏三段的灰岩间具有较强的波阻抗差异。但由于膏盐地层具有较强的可塑性，造成该反射波组复杂，能量变化大，反射同相轴时多时少，反射层在地震剖面上呈丘状反射，弧形绕射波十分发育，反映了膏盐岩层揉皱变形特征，部分区段较难追踪。

DW102 井嘉四-五段"新型杂卤石钾盐矿"发育较典型，具有累计厚度大、层数多的特点，分别在井深 3092.3～3193.9 m 和 3404～3484.4 m 识别出两套较厚的新型杂卤石钾盐矿层（图5-5）。全井共解释杂卤石层合计 31 层 82.7 m，单层解释厚度介于 0.5～13.4 m 之间（表5-2）。"新型杂卤石钾盐矿"主要发育在嘉四-五段的底部，地震反射特征杂乱，能量较强。

四、含矿地层对比

含矿地层主要为膏盐岩，因膏岩具有塑性，在构造挤压作用下，地层被挤压变形、相互嵌入，从而厚度减薄或加厚。从北西-南东向横跨黄金口构造的 F2-MB1-DW101-PG7-PG4-PG12 连井剖面看，含矿层（雷口坡组、嘉陵江组四-五段）在黄金口背斜核部埋深相对较浅，厚度较大；背斜两翼埋藏深，含矿地层明显变薄，其中在普光构造附近厚度最薄，再往南东至老君构造附近或北西至分水岭构造附近含矿地层又逐渐变厚。MB2-DW102-PG11-PG6-PG5-PG8-LJ2-LJ1-LJ3 连井地震剖面反映的含矿地层厚度变化情况同样如此。从 DW3-DW102-DW101-DW1-DW201-DW2、PG8-PG9-PG12 两条南西-北东向剖面来看，除受断层影响之外，含矿地层起伏幅度不大，略呈波浪状，厚度变化不大。以上特征反映了含矿地层厚度变化除了受沉积环境影响外，主要受北西-南东向构造以及部分逆断层影响。

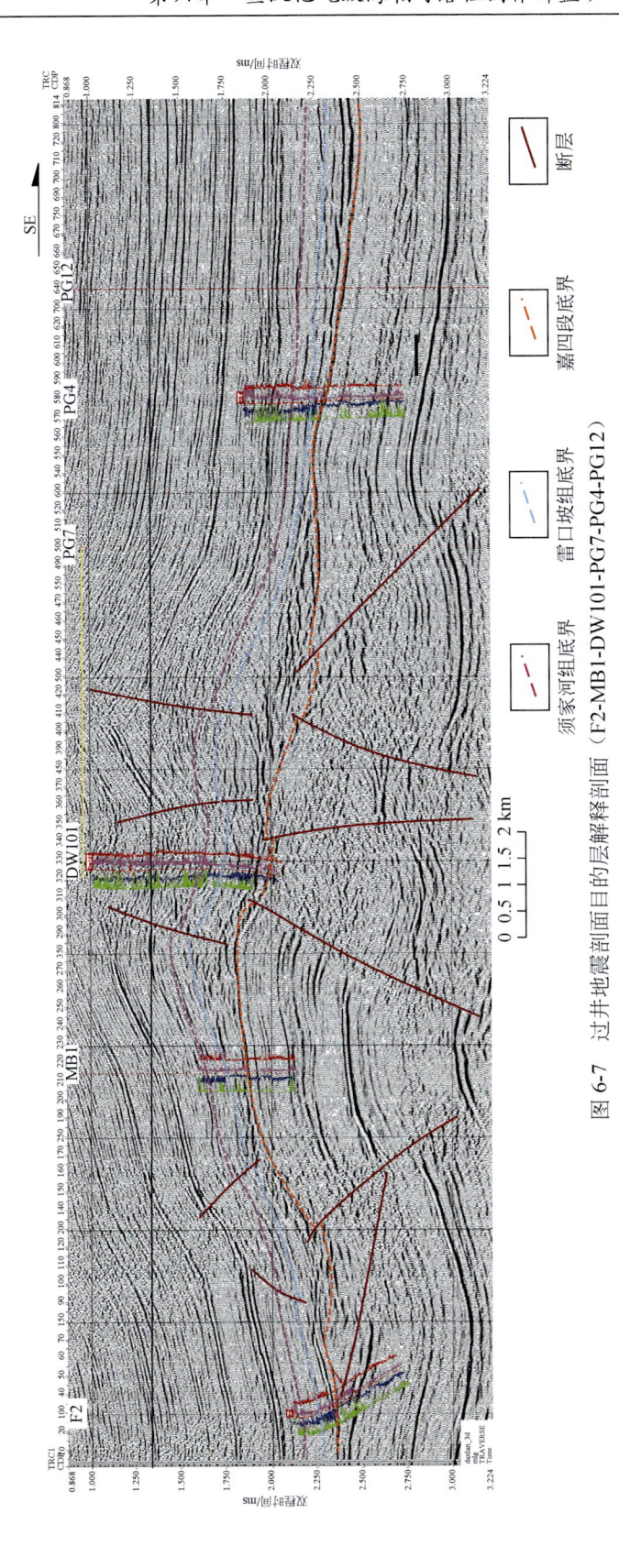

图 6-7 过井地震剖面目的层解释剖面（F2-MB1-DW101-PG7-PG4-PG12）

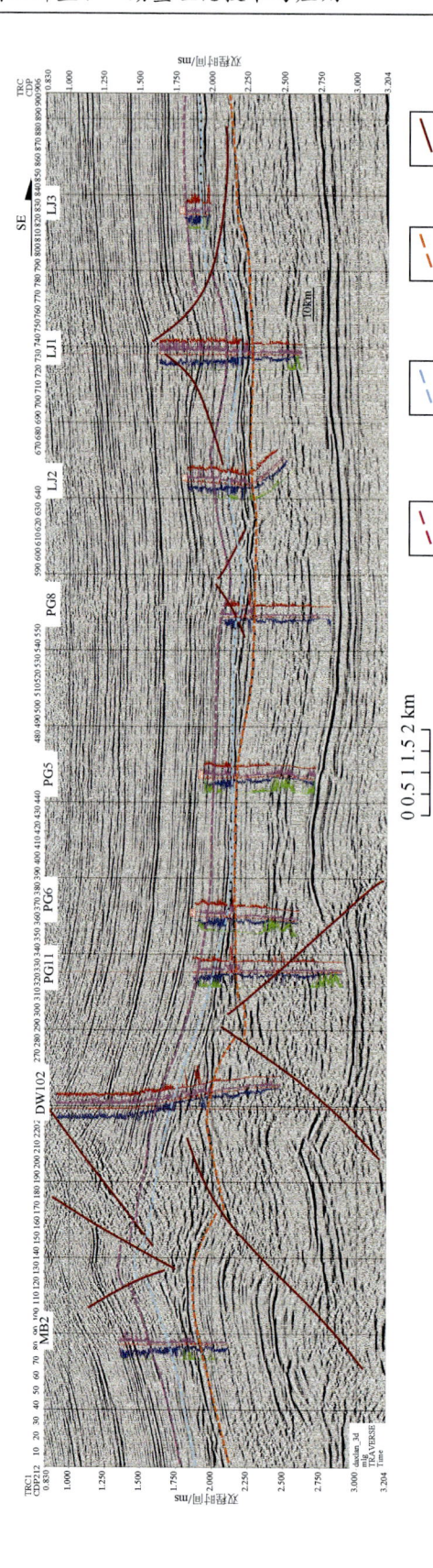

图 6-8 过井地震剖面目的层解释剖面（MB2-DW102-PG11-PG6-PG5-PG8-LJ2-LJ1-LJ3）

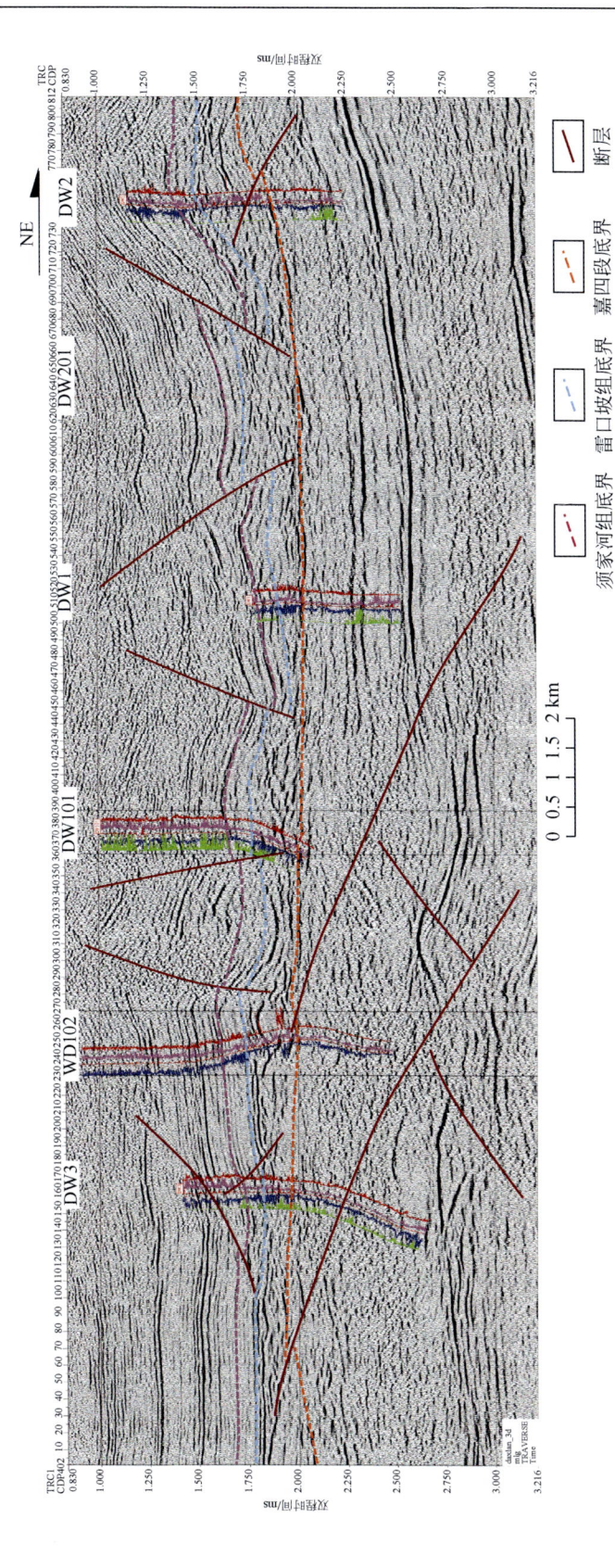

图 6-9 过井地震剖面目的层解释剖面（DW3-DW102-DW101-DW1-DW201-DW2）

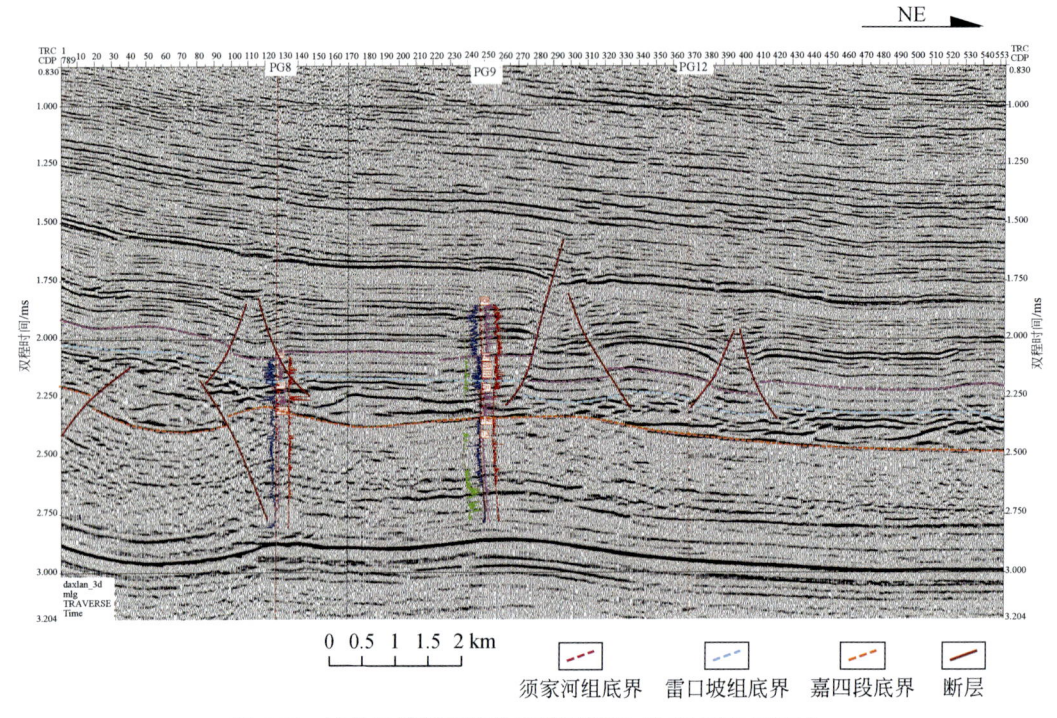

图 6-10　过井地震剖面目的层解释剖面（PG8-PG9-PG12）

第二节　"新型杂卤石钾盐矿"矿体分布

一、"新型杂卤石钾盐矿"含矿层位

川东北下三叠统嘉陵江组至中三叠统雷口坡组形成了一套碳酸盐岩和蒸发岩交互高频韵律岩系，表现为海相灰岩、白云岩、膏岩、盐岩等不等厚互层，可分为 6 个成盐期，分别是下三叠统嘉陵江组二段（T_1j^2）、四段（T_1j^4）、五段至中三叠统雷口坡组一段一亚段（T_1j^5—T_2l^{1-1}）、雷口坡组一段三亚段（T_2l^{1-3}）和雷口坡组三段（T_2l^3）、四段（T_2l^4），其中最重要的含盐地层为嘉陵江组四五段—雷口坡组一段一亚段（T_1j^{4-5}—T_2l^{1-1}）。嘉四段（T_1j^4）成盐期，蒸发作用急剧加强，盐盆多，分布广，其中川东北长寿-垫江-忠县-建南一带，盐岩大面积分布，且盐岩层厚度普遍大于 30 m，并可见杂卤石分布，厚度不大。嘉五段成盐期—雷口坡组一段一亚段（T_1j^5—T_2l^{1-1}）蒸发作用进一步加强，盐化程度较高，但与嘉四段相比，成盐作用范围有所缩少，研究工区达川-宣汉一带盐盆广泛分布，并可见到较多层状杂卤石沉积，杂卤石中偶见无水钾镁矾沉淀，成钾潜力较好。雷口坡组一段三亚段和四亚段盐盆面积较小，且在研究区内未发现杂卤石等含钾矿物。

因此，目前钻井揭示的川东北宣汉地区"新型杂卤石钾盐矿"主要赋存于下三叠统顶部的嘉陵江组四-五段海相蒸发岩层中（图6-11、图6-12）。该地区下-中三叠统嘉陵江组五段（T_1j^5）至雷口坡组一段（T_2l^1）主要由白云岩、硬石膏、盐岩组成，夹灰岩、杂卤石及菱镁矿，发育盐岩层数层，厚度变化大，由无色-暗红色-黑色石盐组成，晶体颗粒结晶较好。其中"新型杂卤石钾盐矿"，主要位于嘉陵江组嘉五段，杂卤石碎屑主要分布在石盐基质中。

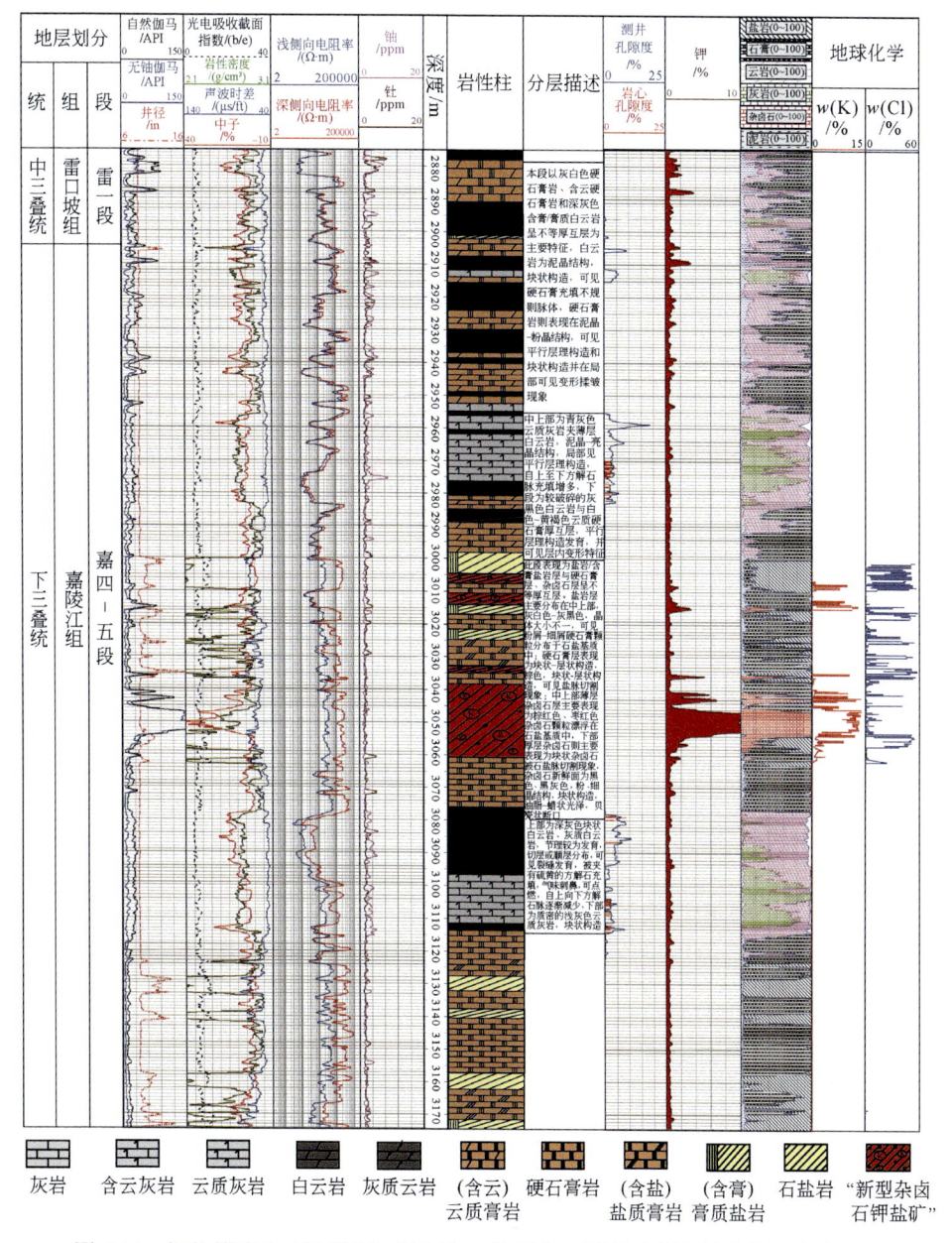

图6-11 钾盐基准井（标杆井）川宣地1井嘉四-五段综合解释柱状图（上半段）

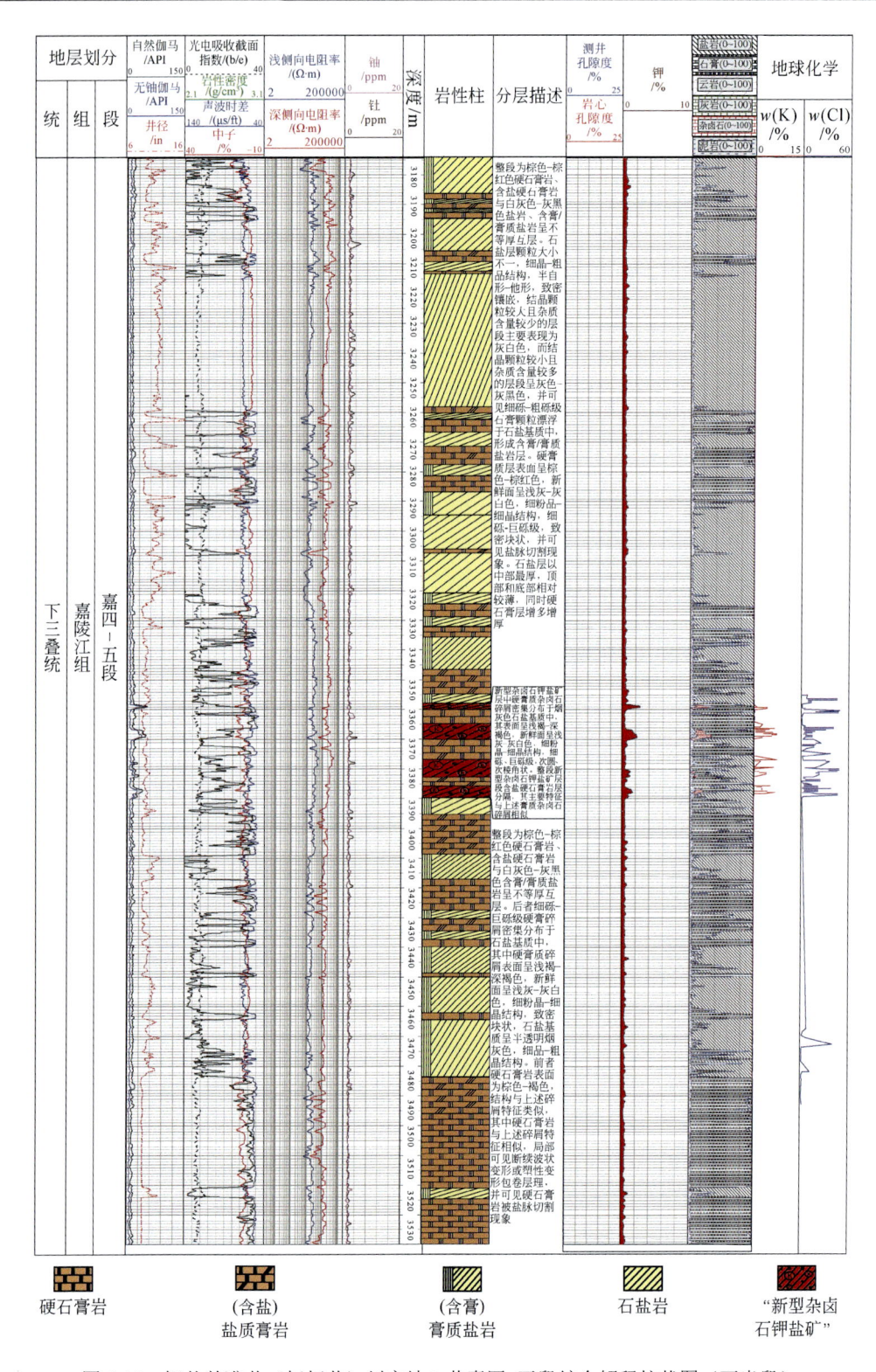

图6-12 钾盐基准井（标杆井）川宣地1井嘉四-五段综合解释柱状图（下半段）

二、重点井矿层测井识别

"新型杂卤石钾盐矿"发现于川东北宣汉地区,赋存于下三叠统顶部的嘉陵江组海相蒸发岩层中,以杂卤石与石盐共生并方便采用低成本的水溶法开采为主要特征,并广泛发育于研究工区的多口钻孔中。

(一) DW102 井

图 4-8 为 DW102 井嘉陵江组杂卤石层测井识别成果图,共解释"新型杂卤石钾盐矿"31 层 82.7 m,单层厚度在 0.5~13.4 m 之间,单层平均厚度 2.67 m。

"新型杂卤石钾盐矿"段整体自然伽马为中-高值,介于 36.6~124.8 API 之间,无铀伽马在 24.5~115.5 API 之间,电阻率为高阻,在 600~15700 Ω·m 之间,岩心密度在 2.19~2.91 g/cm^3 之间。

该井嘉陵江组杂卤石较发育,主要发育在嘉四-五段地层的膏盐岩层中,下部杂卤石较发育,厚度较大。

(二) PG11 井

图 6-13 为 PG11 井嘉陵江组杂卤石层测井识别成果图,共解释"新型杂卤石钾盐矿"15 层 46.7 m,单层厚度在 0.8~18.0 m 之间,单层平均厚度 3.11 m。

"新型杂卤石钾盐矿"段整体自然伽马为中-高值,介于 51.5~185.9 API 之间,无铀伽马在 39.1~132.4 API 之间,电阻率为高阻,在几百到几万欧姆米之间,岩心密度在 2.35~2.81 g/cm^3 之间。

(三) PG8 井

图 6-14 为 PG8 井嘉陵江组杂卤石层测井识别成果图,共解释"新型杂卤石钾盐矿"11 层 27.7 m,单层厚度在 0.8~5.0 m 之间,单层平均厚度为 2.2 m。测井响应特征如下:

"新型杂卤石钾盐矿"段整体自然伽马为中-高值,介于 45.2~101.8 API 之间,无铀伽马在 38.1~96.7 API 之间,电阻率为高阻,在几千到几万欧姆米之间,岩心密度在 2.12~2.73 g/cm^3 之间。

(四) LJ3 井

图 6-15 为 LJ3 井嘉陵江组杂卤石层测井识别成果图,共解释"新型杂卤石钾盐矿"12 层 29.7 m,单层厚度在 1.0~12.7 m 之间,单层平均厚度为 2.48 m。测井响应特征如下:

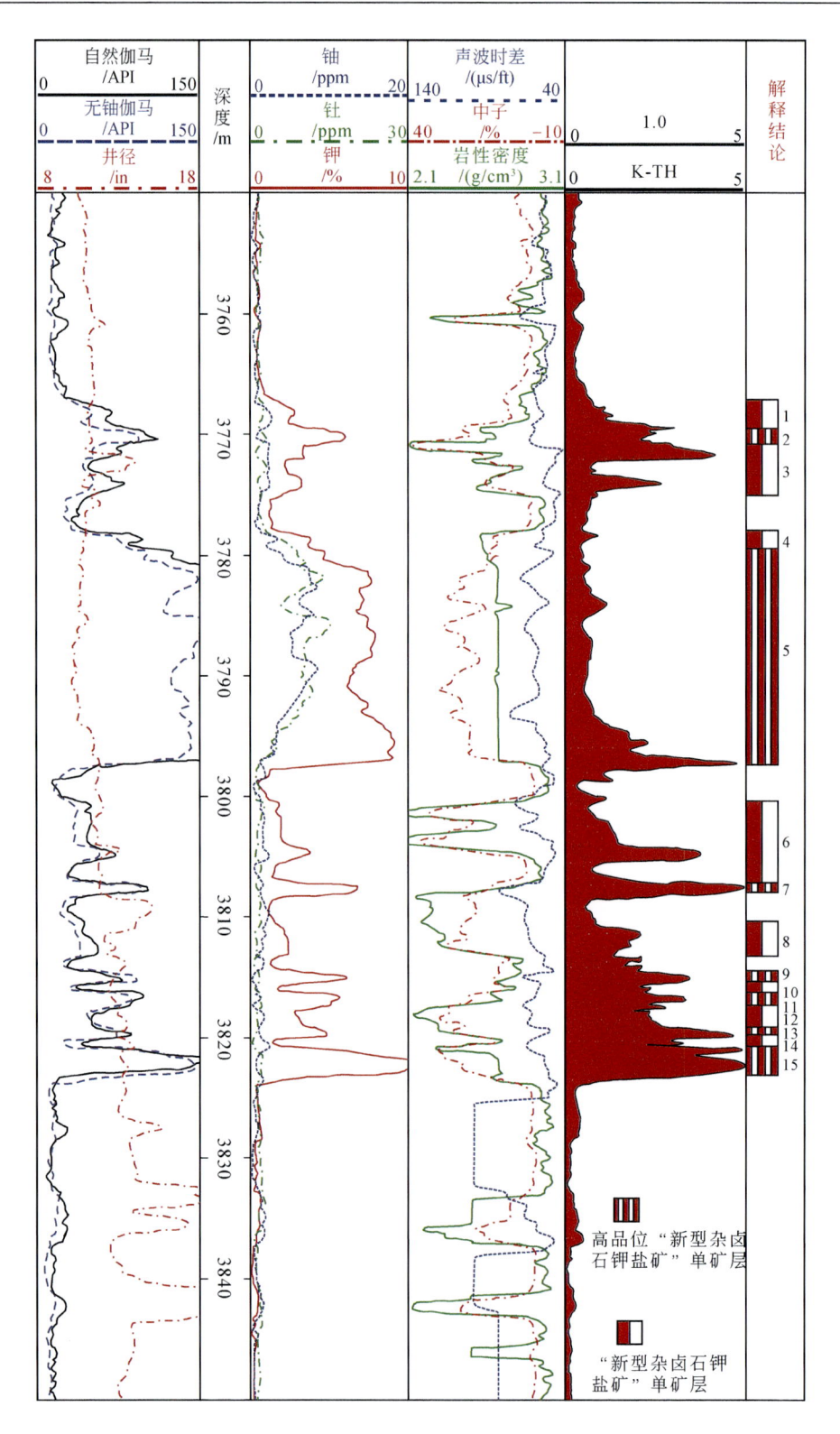

图 6-13 PG11 井"新型杂卤石钾盐矿"测井识别

第六章 宣汉亿吨级海相可溶性固体钾盐矿的发现

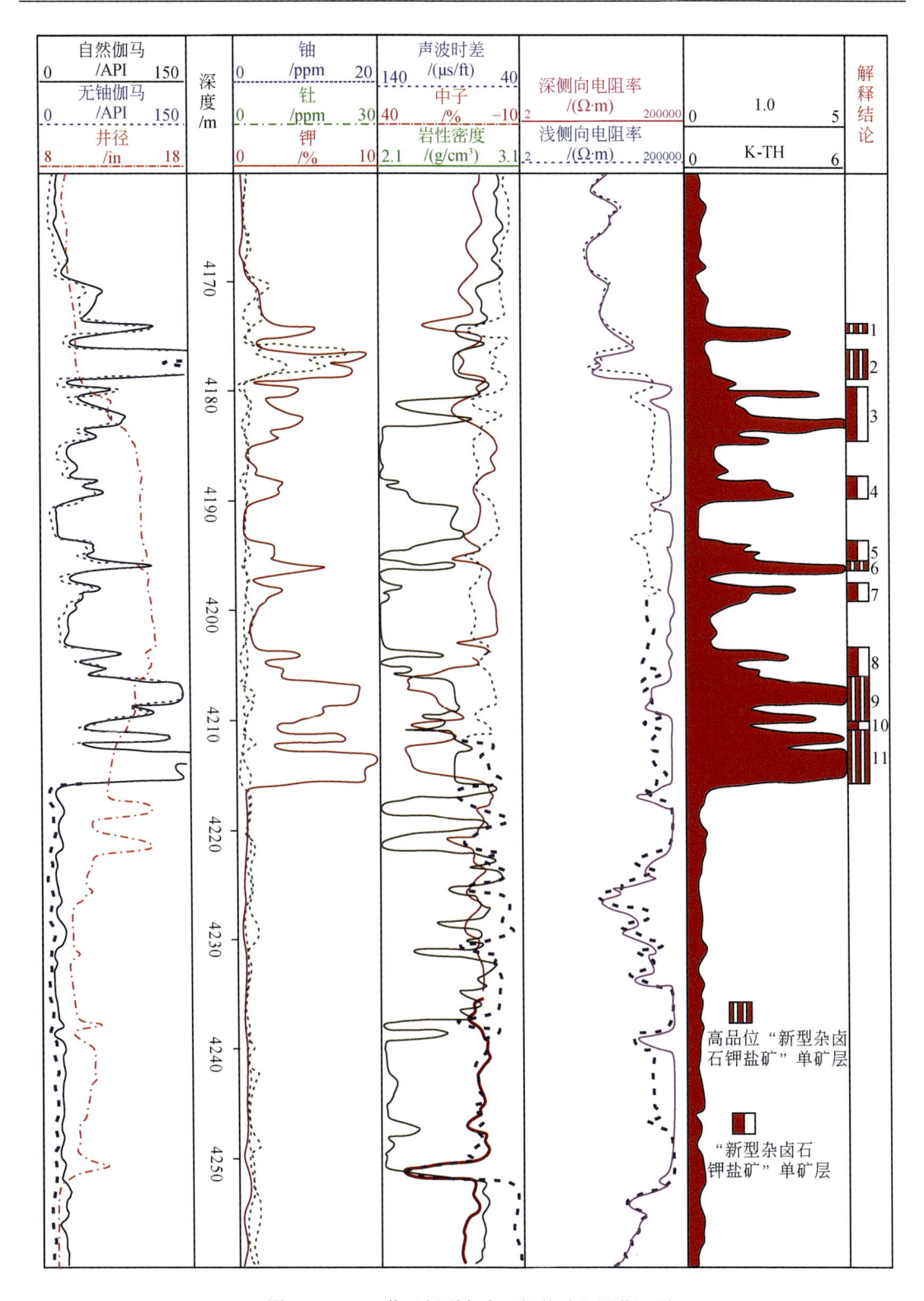

图 6-14　PG8 井"新型杂卤石钾盐矿"测井识别

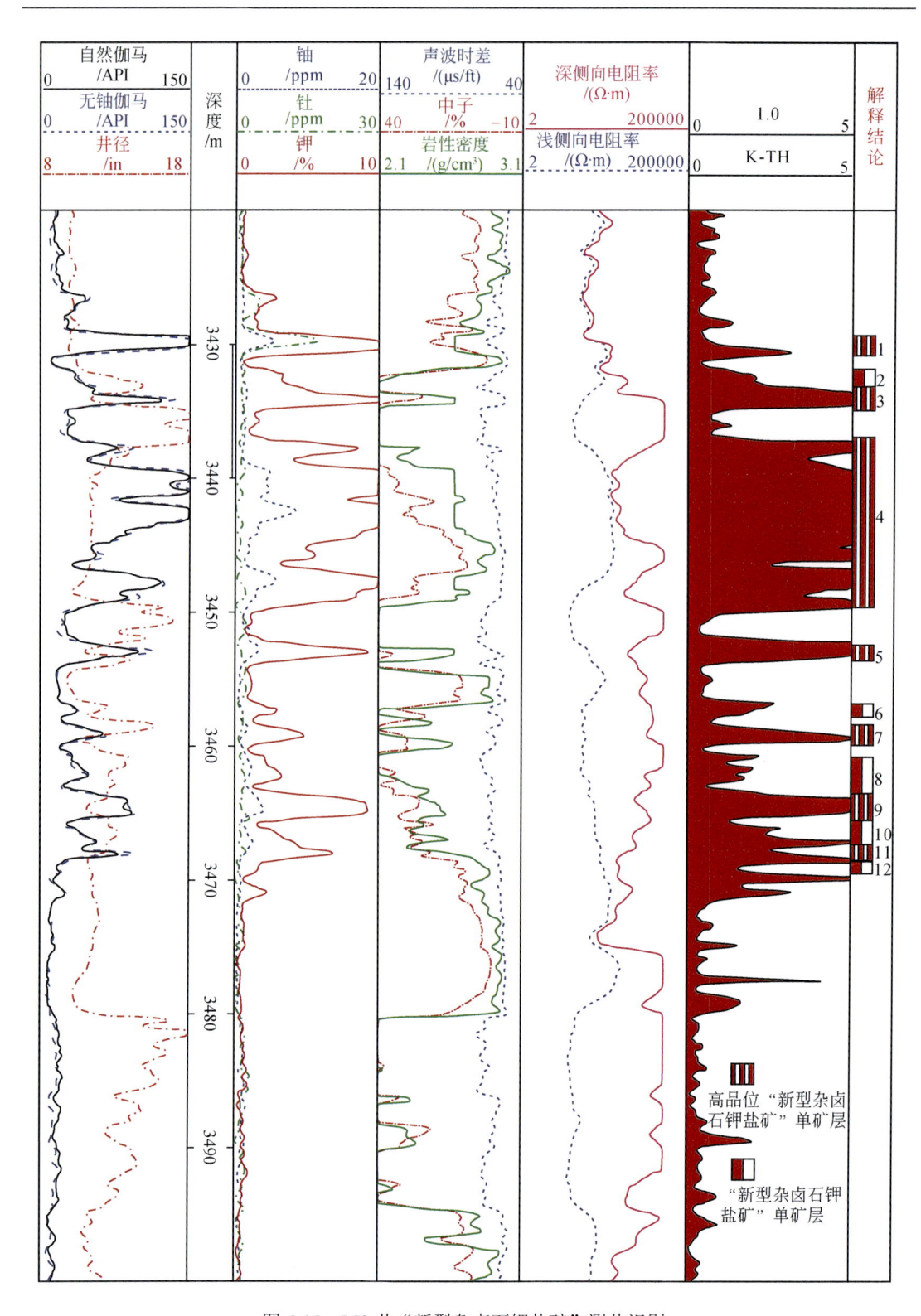

图 6-15 LJ3 井 "新型杂卤石钾盐矿" 测井识别

"新型杂卤石钾盐矿"段整体自然伽马为中-高值，介于39.2～151.6 API 之间，无铀伽马在39.5～145.5 API 之间，电阻率为高阻，在464～13370 Ω·m 之间，岩心密度在2.05～2.61 g/cm³ 之间。

三、测井定量预测

（一）钾含量的测井定量预测

本次利用"新型杂卤石钾盐矿"部署的钾盐科探井（基准井）川宣地1井以及HC2、HC3 井成套岩心样品测试分析数据及其对测井数据的拟合，为其他没有取心但伽马能谱、密度等测井数据资料齐全的天然气探井提供了很好的参照和校正，夯实了本次"新型杂卤石钾盐矿"资源量估算的基础。首先利用川宣地1井、HC2井和HC3井（表6-1～表6-3）"新型杂卤石钾盐矿"的岩心实验分析所获得的钾含量数据与其对应的测井钾含量数据进行拟合，形成线性关系 $w(K_{测试值})=1.0497w(K_{测井值})+0.3534$，$R^2=0.8638$（图6-16）。其中包含川宣地1井、HC2井和HC3井数据分别为209、57和7组，共计273组。并利用HC1井的实测数据与测井数据（表6-4）进行投点，图6-16显示HC1井数

表6-1 川宣地1井岩心钾含量测试与伽马能谱测井钾数据

序号	样品编号	深度/m	$w(K_{测试值})$/%	$w(K_{测井值})$/%	序号	样品编号	深度/m	$w(K_{测试值})$/%	$w(K_{测井值})$/%
1	NT-26-1*	3006.79	1.04	0.492	22	TS-1*	3037.82	0.4334	0.497
2	NT-29-1*	3007.5	1.186	1.559	23	TS-1B	3037.86	0.27	0.497
3	NT-29B	3007.535	3.06875	1.603	24	TS-3B	3038.345	0.04	0.394
4	NT-32-2*	3008.14	0.594	1.142	25	TS-6B	3038.91	0.03	0.396
5	NT-33-1*	3008.31	0.9633	1.042	26	TS-8B	3039.29	0.02	0.476
6	NT-34-2*	3008.68	0.6253	0.804	27	TS-10B	3039.59	0.02	0.608
7	NT-35*	3008.8	1.131	0.719	28	TS-12B	3039.96	1.22	2.577
8	NT-36*	3008.88	1.109	0.617	29	TS-12N*	3040.05	1.556	3.917
9	TY-1-3N*	3010.24	0.2396	0.512	30	TS-13*	3040.12	7.387	3.917
10	TY-22N*	3012.95	0.4008	1.373	31	TS-13B	3040.135	8.23	3.917
11	TY-26B	3013.91	6.16	3.115	32	TS-15N*	3040.54	10.06	5.295
12	TY-26-2*	3013.95	1.353	3.115	33	TS-15B	3040.62	7.2	5.295
13	TY-27*	3014.12	6.333	3.208	34	TS-16B	3040.82	0.68	3.005
14	TY-28B	3014.325	1.56875	3.449	35	TS-21-1B	3041.73	7.81	5.253
15	TY-29B	3014.495	4.9575	3.404	36	TS-21N*	3041.8	10.1	6.017
16	TF-41*	3034.83	3.919	4.125	37	TS-22B	3041.955	6.23	6.538
17	TF-43N*	3035.09	8.396	5.183	38	TS-23B	3042.085	11.57	6.739
18	TF-53*	3036.68	0.5912	0.569	39	TS-24B	3042.245	3.35	6.751
19	TF-54N*	3036.8	1.064	0.578	40	TS-25B	3042.42	5.82	5.891
20	TF-55*	3036.95	0.3757	0.587	41	TS-29-1B	3043.12	5.37	2.571
21	TF-56N*	3037.1	0.5735	0.598	42	TS-30-1B	3043.39	0.23	0.926

续表

序号	样品编号	深度/m	$w(K_{测试值})$/%	$w(K_{测井值})$/%	序号	样品编号	深度/m	$w(K_{测试值})$/%	$w(K_{测井值})$/%
43	TS-34-2*	3044.18	0.4333	0.991	78	TS-57B	3048.35	7.76	9.846
44	TS-41*	3045.14	4.531	4.041	79	TS-58*	3048.48	8.594	9.785
45	TS-41B	3045.145	7.38	4.216	80	TS-58B	3048.495	9.08	9.785
46	TS-42N*	3045.25	2.829	4.216	81	TS-59-1B	3048.655	12.97	9.623
47	TS-43B	3045.42	1.63	5.04	82	TS-59N*	3048.71	11.52	9.623
48	TS-43*	3045.42	5.805	5.04	83	TS-60N*	3048.79	11.67	9.588
49	TS-44*	3045.6	3.797	6.091	84	TS-60B	3048.83	12.02	9.588
50	TS-44-1B	3045.615	3.58	6.091	85	TS-61N*	3048.95	13.25	9.634
51	TS-45-1B	3045.81	7.96	8.885	86	TS-61B	3049.015	10.65	10.002
52	TS-45N*	3045.89	13.81	8.885	87	TS-62-1B	3049.205	9.69	10.711
53	TS-46-1N*	3045.95	10.39	9.798	88	TS-62N*	3049.27	9.776	11.519
54	TS-46-2N*	3045.98	12.01	9.798	89	TS-63-1B	3049.405	11.93	12.066
55	TS-46-1B	3046.01	10.96	9.798	90	TS-63-1N*	3049.42	13.36	12.066
56	TS-47B	3046.195	8.21	10.634	91	TS-63-2*	3049.5	12.06	12.066
57	TS-47N*	3046.22	10.73	10.634	92	TS-64B	3049.605	11.86	12.392
58	TS-48N*	3046.33	11.58	10.606	93	TS-64N*	3049.63	12.88	12.392
59	TS-48-1B	3046.395	8.47	10.416	94	TS-65N*	3049.7	11.51	12.552
60	TS-49*	3046.61	12.94	10.25	95	TS-65B	3049.76	12.12	12.552
61	TS-49B	3046.665	13.38	10.144	96	TS-66N*	3049.85	12.06	12.601
62	TS-50B	3046.895	9.52	10.125	97	TS-66-1B	3049.945	13.25	12.565
63	TS-50*	3046.9	9.882	10.125	98	TS-67N*	3050.12	13	12.425
64	TS-51B	3047.055	11.45	10.434	99	TS-67-1B	3050.15	12.84	12.136
65	TS-51N*	3047.1	12.65	10.434	100	TS-68B	3050.295	11.64	11.754
66	TS-52N*	3047.2	13.63	10.847	101	TS-68N*	3050.33	11.41	11.754
67	TS-52-1B	3047.28	11.48	11.089	102	TS-69-1B	3050.455	13.17	11.435
68	TS-53-1N*	3047.49	13.59	11.085	103	TS-69N*	3050.51	12.56	11.435
69	TS-53-2N*	3047.51	12.72	10.806	104	TS-70N*	3050.6	12.75	11.253
70	TS-53-1B	3047.545	12.56	10.806	105	TS-70B	3050.62	12.5	11.253
71	TS-54N*	3047.66	11.43	10.373	106	TS-71N*	3050.76	12.92	11.209
72	TS-54-1B	3047.755	10.45	10.373	107	TS-71B	3050.78	12.8	11.269
73	TS-55-1B	3047.96	9.96	9.924	108	TS-72N*	3050.92	12.42	11.383
74	TS-55N*	3048.03	11.96	9.875	109	TS-72-1B	3050.975	13.06	11.383
75	TS-56N*	3048.09	10.82	9.875	110	TS-73N*	3051.08	12.97	11.499
76	TS-56-1B	3048.175	10.78	9.856	111	TS-73B	3051.145	13.44	11.557
77	TS-57N*	3048.32	12.37	9.846	112	TS-74N*	3051.36	12.4	11.56

续表

序号	样品编号	深度/m	$w(K_{测试值})$/%	$w(K_{测井值})$/%	序号	样品编号	深度/m	$w(K_{测试值})$/%	$w(K_{测井值})$/%
113	TS-75B	3051.445	13.27	11.478	148	TS-94*	3054.71	1.715	1.878
114	TS-76N*	3051.5	11.95	11.478	149	TS-94B	3054.71	2.19	1.878
115	TS-76B	3051.525	8.19	11.213	150	TS-95B	3054.875	1.58	1.709
116	TS-77N*	3051.59	10.31	11.213	151	TS-95*	3054.88	2.109	1.709
117	TS-77-1B	3051.685	8.98	10.686	152	TS-96B	3055.02	2.33	1.674
118	TS-78-1B	3051.9	10.55	9.014	153	TS-96*	3055.03	3.076	1.674
119	TS-78N*	3051.91	13.07	9.014	154	TS-97B	3055.175	2.63	1.765
120	TS-79-1N*	3052.02	11.98	8.1	155	TS-98*	3055.33	1.506	1.955
121	TS-79-2N*	3052.05	13.25	8.1	156	TS-98B	3055.335	2.18	1.955
122	TS-79-1B	3052.11	12.29	8.1	157	TS-99*	3055.5	2.931	2.292
123	TS-80B	3052.28	11.74	6.676	158	TS-99B	3055.51	3.14	2.292
124	TS-80*	3052.32	10.36	6.676	159	TS-100B	3055.7	3.47	2.87
125	TS-81N*	3052.34	11.21	6.676	160	TS-100*	3055.71	2.995	2.87
126	TS-81B	3052.395	10.74	6.364	161	TS-101B	3055.87	1.45	2.886
127	TS-82N*	3052.52	2.754	6.244	162	TS-101*	3055.88	2.55	2.886
128	TS-82-1B	3052.56	2.77	6.244	163	TS-102*	3056.05	1.604	2.685
129	TS-83B	3052.74	3.4	6.171	164	TS-102B	3056.055	2.14	2.685
130	TS-83N*	3052.81	6.823	6.1	165	TS-103*	3056.25	1.684	2.451
131	TS-84B	3052.9	5.99	5.968	166	TS-103B	3056.27	1.27	2.121
132	TS-84N*	3052.93	8.27	5.968	167	TT-1N*	3056.44	3.392	1.799
133	TS-85N*	3053.02	9.095	5.615	168	TT-2N*	3056.69	0.9111	1.413
134	TS-85B	3053.08	3.04	5.615	169	TT-3N*	3056.76	0.3852	1.347
135	TS-86-1B	3053.265	4.92	4.13	170	TT-5N*	3057	0.9145	1.336
136	TS-87B	3053.445	2.91	3.408	171	TT-6N*	3057.22	0.9545	1.381
137	TS-88*	3053.61	1.728	2.923	172	TT-10N*	3058.01	3.158	0.97
138	TS-88B	3053.62	2.62	2.923	173	TT-20N*	3059.68	0.6685	1.877
139	TS-89-1B	3053.82	4.21	2.427	174	TT-21N*	3059.88	3.697	1.886
140	TS-90B	3054.01	1.12	2.365	175	TT-22N*	3060.05	1.429	1.642
141	TS-90*	3054.02	1.733	2.349	176	TT-25N*	3060.45	1.345	1.281
142	TS-91*	3054.15	1.149	2.319	177	EF-22N*	3359.06	1.09	0.84
143	TS-91B	3054.17	1.12	2.319	178	EF-24*	3359.29	1.11	0.669
144	TS-92*	3054.33	0.972	2.256	179	EF-30N*	3360.55	0.29	0.352
145	TS-92B	3054.335	1.21	2.256	180	EF-39N*	3362.3	0.24	0.516
146	TS-93B	3054.52	1.61	2.048	181	EF-50N*	3364.95	2.83	0.464
147	TS-93*	3054.53	1.562	2.048	182	EF-53N*	3365.53	2.04	0.601

续表

序号	样品编号	深度/m	w(K测试值)/%	w(K测井值)/%	序号	样品编号	深度/m	w(K测试值)/%	w(K测井值)/%
183	EF-57B	3366.285	0.7225	1.618	197	EF-70N*	3369.06	2.8	1.472
184	EF-59B	3366.67	3.96875	1.65	198	EG-29N*	3377.27	2.24	0.594
185	EF-60N*	3366.92	3.47	1.725	199	EG-40-2B	3379.525	0.595	0.899
186	EF-60-2*	3367.04	3.18	1.771	200	EG-46*	3380.82	0.78	0.827
187	EF-61N*	3367.24	0.61	1.842	201	EG-47B	3381.055	1.22875	0.948
188	EF-61-2B	3367.25	0.3825	1.842	202	EG-47*	3381.09	1.79	0.948
189	EF-62*	3367.42	0.94	2.072	203	EG-48N*	3381.18	3.18	1.116
190	EF-64N*	3367.71	3.46	2.129	204	EG-49*	3381.5	3.94	1.235
191	EF-64B	3367.755	1.515	2.129	205	EG-68*	3385.93	2.07	1.27
192	EF-65N*	3367.88	2.99	2.142	206	EG-69-1*	3386.18	1.02	1.408
193	EF-66N*	3368.1	4.22	2.201	207	EG-70*	3386.48	2.61	1.431
194	EF-67B	3368.42	2.71	2.299	208	EG-71N*	3386.83	2.61	1.528
195	EF-69N*	3368.83	0.23	1.753	209	EG-72N*	3387.1	2.71	1.6
196	EF-70B	3369.01	1.345	1.615					

* 样品为高密度点测试数据，其余为岩心劈心取样数据。

表 6-2　HC3 井岩心钾含量测试与伽马能谱测井钾数据

序号	样品编号	深度/m	w(K测试值)/%	w(K测井值)/%	序号	样品编号	深度/m	w(K测试值)/%	w(K测井值)/%
1	HC3-24-5*	3435.00	0.13	0.447	18	HC3-25-3-2*	3438.61	2.30	1.671
2	HC3-24-6*	3435.21	0.14	0.981	19	HC3-25-4*	3438.82	2.80	1.824
3	HC3-24-7-1*	3435.42	0.09	1.395	20	HC3-25-5*	3439.03	2.69	1.845
4	HC3-24-7-2*	3435.63	0.25	1.803	21	HC3-25-6-1*	3439.24	2.28	1.803
5	HC3-24-8-1*	3435.84	1.09	1.899	22	HC3-25-6-2*	3439.45	2.57	1.686
6	HC3-24-8-2*	3436.06	1.85	2.007	23	HC3-25-6-3*	3439.66	2.85	1.587
7	HC3-24-9-1*	3436.28	1.00	2.115	24	HC3-25-7*	3439.87	2.62	1.401
8	HC3-24-9-2*	3436.49	3.00	2.121	25	HC3-25-8*	3440.08	2.53	1.687
9	HC3-24-10-2*	3436.70	1.76	1.824	26	HC3-25-9-1*	3440.29	2.26	1.869
10	HC3-24-11-1*	3436.91	2.24	1.659	27	HC3-25-9-2*	3440.50	2.65	1.801
11	HC3-24-11-2*	3437.12	1.74	1.443	28	HC3-25-10-1*	3440.71	2.28	1.668
12	HC3-24-12*	3437.33	2.05	1.377	29	HC3-25-10-2*	3440.93	2.70	1.77
13	HC3-24-13*	3437.56	1.82	1.404	30	HC3-25-11-1*	3441.14	3.60	1.854
14	HC3-25-1-1*	3437.77	4.20	1.521	31	HC3-25-11-2*	3441.35	3.40	1.764
15	HC3-25-1-2*	3437.98	2.76	1.608	32	HC3-25-12-1*	3441.56	2.8	1.692
16	HC3-25-2*	3438.19	2.09	1.584	33	HC3-25-12-2*	3441.77	5.4	1.611
17	HC3-25-3-1*	3438.40	2.29	1.527	34	HC3-25-13*	3441.98	5.6	1.443

续表

序号	样品编号	深度/m	w(K测试值)/%	w(K测井值)/%	序号	样品编号	深度/m	w(K测试值)/%	w(K测井值)/%
35	HC3-25-14*	3442.19	2.6	1.344	47	HC3-26-10*	3444.74	3.7	1.611
36	HC3-25-15*	3442.40	6.7	1.344	48	HC3-26-11-1*	3444.95	4.2	1.778
37	HC3-26-2-1*	3442.61	5.2	1.479	49	HC3-26-11-2*	3445.18	7.9	1.648
38	HC3-26-2-2*	3442.82	7.7	1.65	50	HC3-26-12*	3445.39	6	1.497
39	HC3-26-4-1*	3443.03	4.2	1.761	51	HC3-26-13*	3445.61	4.3	1.234
40	HC3-26-4-2*	3443.26	3.5	1.932	52	HC3-26-14*	3445.82	4.1	1.047
41	HC3-26-5-2*	3443.47	4.2	1.782	53	HC3-26-15-2*	3446.03	5.1	1.057
42	HC3-26-6-1*	3443.68	2.8	1.572	54	HC3-26-16*	3446.27	5.2	1.038
43	HC3-26-6-2*	3443.89	4.1	1.326	55	HC3-26-17-1*	3446.48	4	1.094
44	HC3-26-7*	3444.11	6.8	1.266	56	HC3-26-19*	3446.69	3.9	0.986
45	HC3-26-8-1*	3444.32	4.4	1.296	57	HC3-26-20*	3446.92	4.5	1.153
46	HC3-26-8-2*	3444.53	3.9	1.401					

*样品为高密度点测试数据，其余为岩心劈心取样数据。

表 6-3　HC2 井岩心钾含量测试与伽马能谱测井钾数据

序号	样品编号	深度/m	w(K测试值)/%	w(K测井值)/%	序号	样品编号	深度/m	w(K测试值)/%	w(K测井值)/%
1	JB1*	3195.3	0.17	1.639	5	JB8*	3199.85	4.20	2.492
2	JB5*	3195.9	0.91	3.027	6	JB9*	3200	4.84	2.321
3	JB6*	3196.05	0.55	2.910	7	JB10*	3200.15	4.28	2.108
4	JB7*	3199.7	4.14	2.538					

*样品为高密度点测试数据，其余为岩心劈心取样数据。

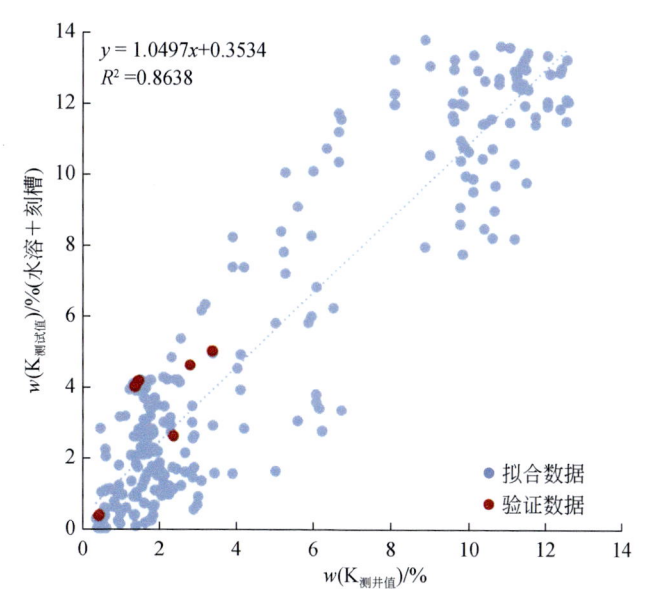

图 6-16　岩心样品钾含量测试值与伽马能谱 K 含量拟合关系曲线

表 6-4 HC1 井岩心钾含量和伽马能谱测井钾数据

序号	样品编号	深度/m	$w(K_{测试值})$/%	$w(K_{测井值})$/%	序号	样品编号	深度/m	$w(K_{测试值})$/%	$w(K_{测井值})$/%
1	QFX-01	3378.8	0.38	0.42	4	QFX-04	3385.8	5.02	3.391
2	QFX-02	3381.6	4.18	1.46	5	QFX-05	3389.8	2.61	2.371
3	QFX-03	3383.5	4.62	2.814	6	QFX-06	3391.5	4.02	1.375

据点与已有拟合曲线相关性较好，反映出较好的一致性。因此，可应用该线性关系对其他无岩心单井伽马能谱 K 测井数据进行相当于实测样品钾含量的拟合校正。

（二）矿石密度的测井定量预测

同理，利用川宣地 1 井"新型杂卤石钾盐矿"的岩心实验分析所获得的 36 个密度数据与川宣地 1 井测井密度数据进行拟合（表 6-5），形成线性关系 $\rho_{测试}=0.7231\rho_{测井}+0.7663$，$R^2=0.7421$（图 6-17），应用该线性关系对其他无岩心单井密度测井数据进行重新校正计算，提供密度预测依据。

表 6-5 川宣地 1 井岩心密度测试与测井密度数据

序号	样品编号	深度/m	$\rho_{测试}$/(g/cm³)	$\rho_{测井}$/(g/cm³)	序号	样品编号	深度/m	$\rho_{测试}$/(g/cm³)	$\rho_{测井}$/(g/cm³)
1	19-29	3008.34	2.21	2.09	19	22-50	3047.70	2.54	2.61
2	20-25	3014.46	2.75	2.81	20	22-53	3048.35	2.70	2.57
3	20-26	3014.71	2.71	2.69	21	22-61	3049.82	2.63	2.50
4	20-27	3014.94	2.81	2.57	22	22-64	3050.41	2.68	2.72
5	20-28	3015.13	2.75	2.56	23	22-104	3057.07	2.25	2.05
6	20-29	3015.30	2.63	2.59	24	23-114	3075.17	2.94	2.96
7	20-31	3015.75	2.80	2.42	25	45-56	3366.85	2.36	2.55
8	21-40	3035.49	2.36	2.18	26	45-57	3367.09	2.67	2.68
9	22-1	3038.66	2.86	2.85	27	45-59	3367.47	2.88	2.71
10	22-4	3039.35	2.83	2.92	28	45-61	3368.05	2.70	2.66
11	22-10	3040.39	2.92	2.90	29	45-64	3368.56	2.49	2.66
12	22-12	3040.76	2.87	2.84	30	45-67	3369.22	2.64	2.58
13	22-14	3041.15	2.87	2.79	31	45-70	3369.81	2.38	2.31
14	22-19	3042.05	2.85	2.80	32	46-27	3377.73	2.44	2.40
15	22-24	3043.05	2.76	2.78	33	46-29	3378.08	2.50	2.38
16	22-34	3044.90	2.73	2.92	34	46-40	3380.33	2.59	2.56
17	22-35	3045.17	2.85	2.92	35	46-47	3381.86	2.50	2.29
18	22-42	3046.06	2.78	2.83	36	46-49	3382.33	2.30	2.32

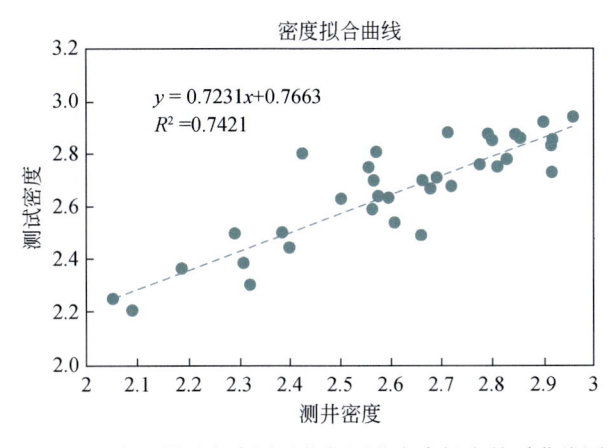

图 6-17 岩心样品密度测试值与测井密度拟合关系曲线图

四、矿层解释成果

结合井位分布和研究区内构造特征，基于前述"新型杂卤石钾盐矿"测井判别标志，充分利用川东北宣汉地区钻井单井资料（图 6-18），全区共完成单井测井解释 33 口，其中含"新型杂卤石钾盐矿"的井有 22 口，相应单井解释成果见表 6-6。

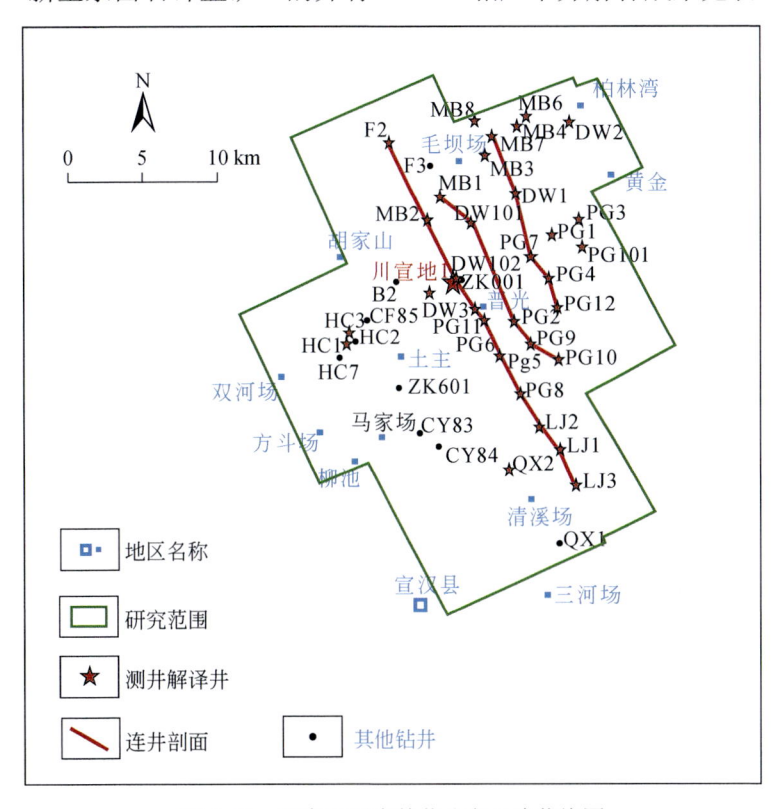

图 6-18 研究工区内单井分布及连井线图

表 6-6 川东北宣汉地区嘉陵江组"新型杂卤石钾盐矿"测井解释累计厚度统计表

序号	井名	矿层厚度/m	矿层数	序号	井名	矿层厚度/m	矿层数
1	川宣地1井	29.46	10	12	DW1井	4.6	2
2	HC1井	16.5	1	13	PG6井	9.9	7
3	DW102井	82.7	31	14	PG101井	7.8	1
4	PG11井	46.7	15	15	PG7	7.7	3
5	LJ3井	29.7	12	16	PG12井	6.8	5
6	PG8井	27.7	11	17	PG9井	4.9	4
7	F2井	26	24	18	PG10井	4.1	2
8	DW101井	19.1	11	19	DW3井	1.8	1
9	LJ2井	18.9	9	20	MB1井	1.4	1
10	MB2井	17.06	4	21	QX2井	18.9	9
11	DW2井	5.53	3	22	HC3井	13.5	1

根据统计分析认为，宣汉地区"新型杂卤石钾盐矿"累计发育厚度大多在20 m左右，单层最大厚度大多在4 m左右，井间差异较大，常与膏岩、泥岩伴生，薄层特征明显（图6-19）。

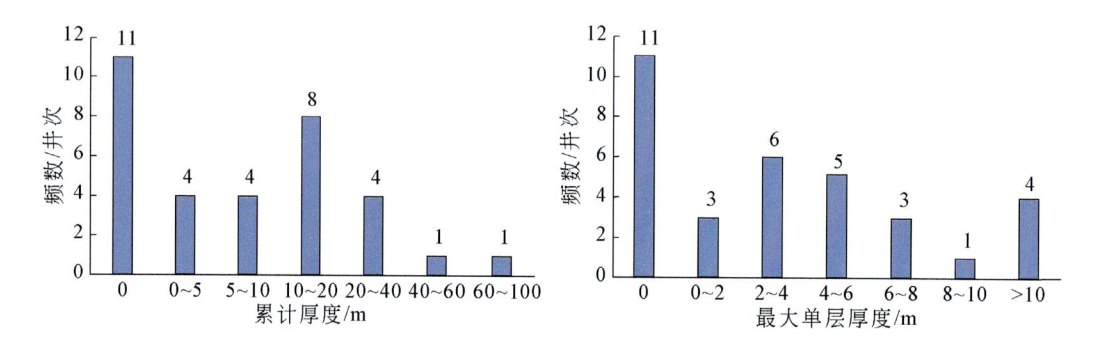

图6-19 研究区33口井嘉陵江组"新型杂卤石钾盐矿"累计厚度和单层平均厚度统计图

五、矿层划分

（一）矿层划分方案

本次矿层划分以DW102井为矿层划分标志井，结合各个单井柱状图、连井图和剖面图，研究区内"新型杂卤石钾盐矿"具有多层分布特征，根据各矿层集中情况及相对位置，将矿层分为上矿层、中矿层、下矿层，具体见图6-20~图6-22所示。

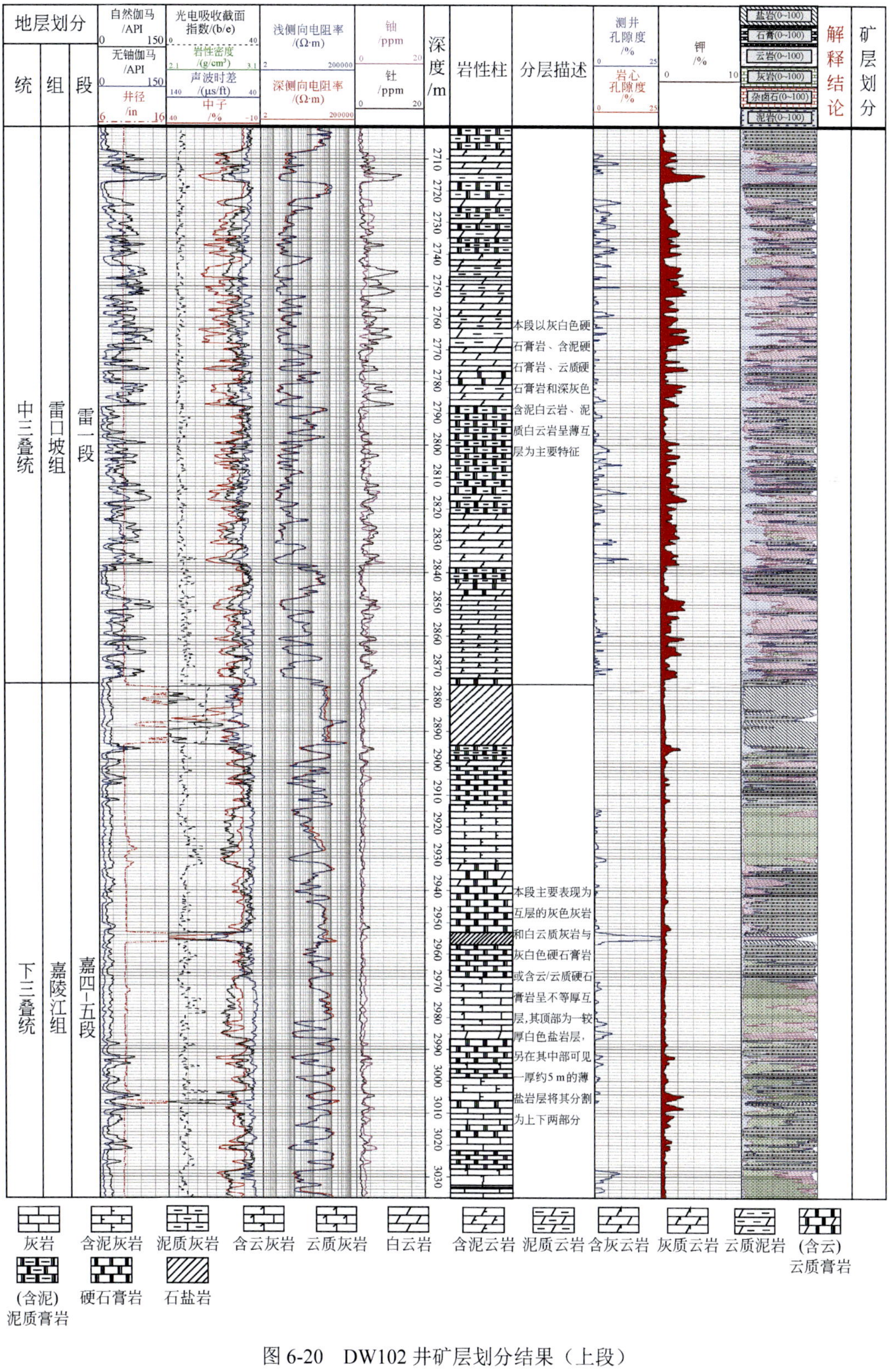

图 6-20 DW102 井矿层划分结果（上段）

图6-21 DW102井矿层划分结果（中段）

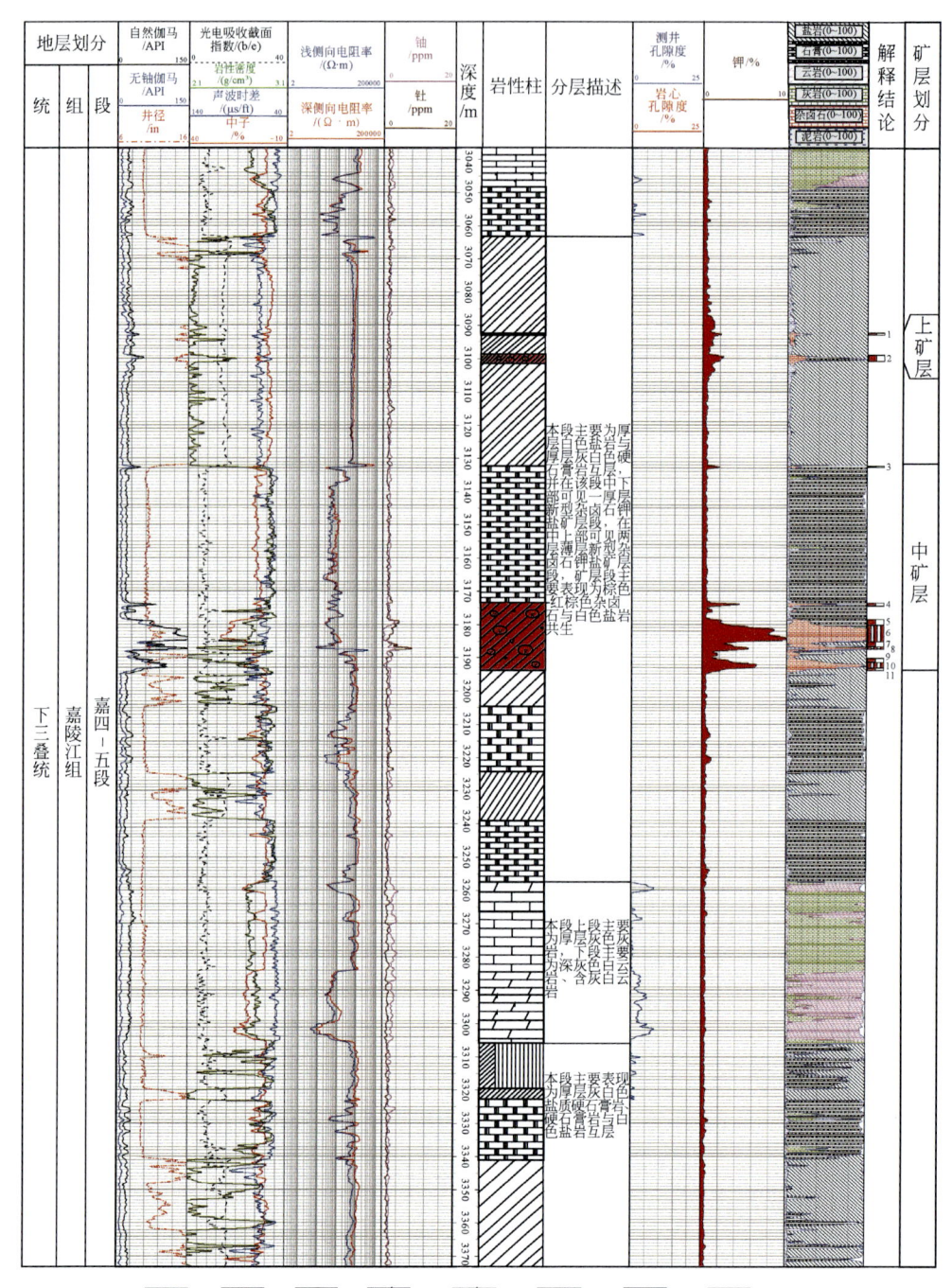

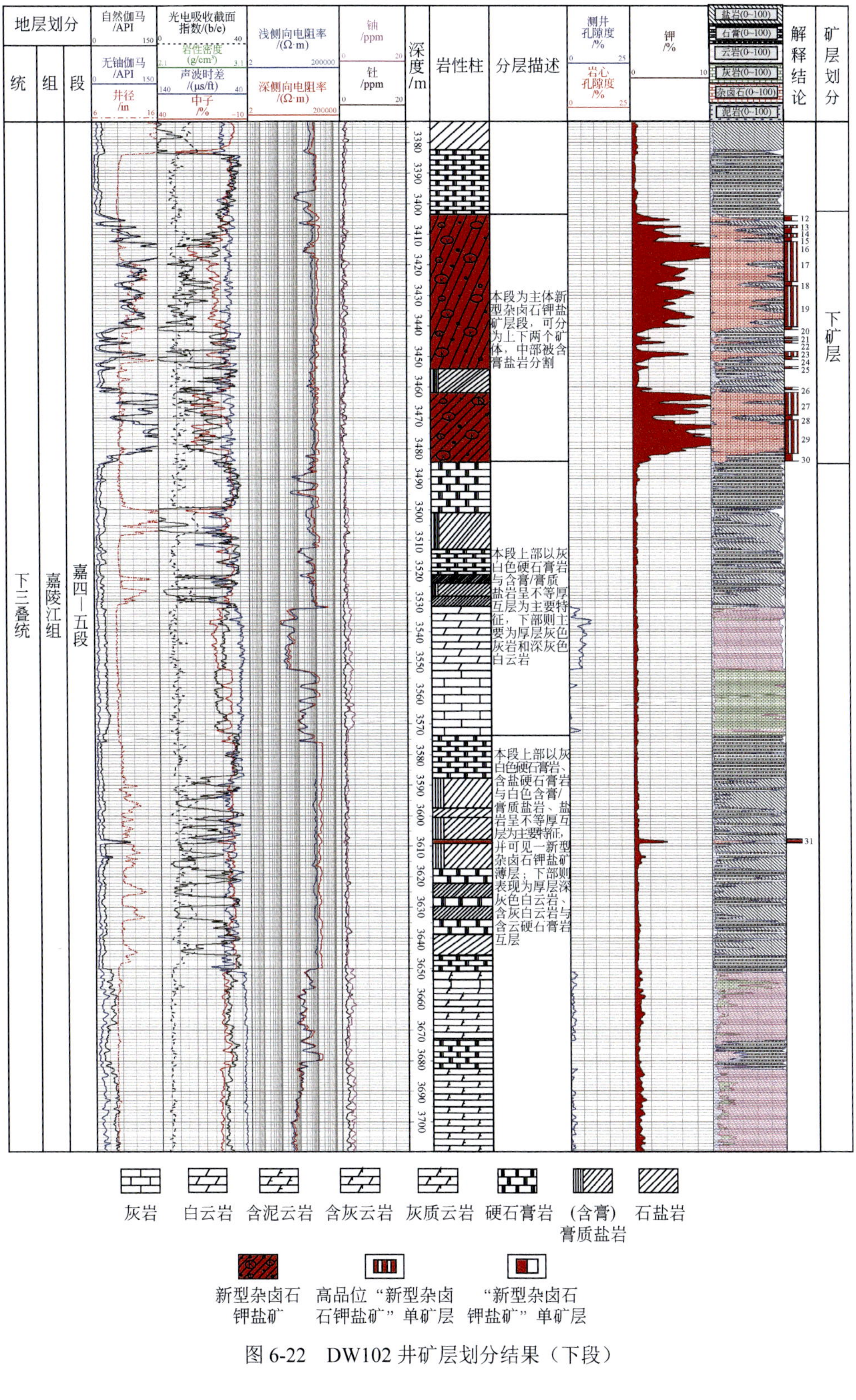

图 6-22　DW102 井矿层划分结果（下段）

（二）矿层单井划分

调查评价区共划分出上、中、下三个矿层。以DW102井为例（图6-20～图6-22），嘉陵江组嘉四-五段厚853.0 m，地层沉积呈现多套厚层膏盐，岩性主要为硬石膏岩、白云岩、盐岩呈不等厚互层，间夹云质泥晶灰岩。新型杂卤石钾盐赋存在石盐岩内，顶底板一般为硬石膏隔水层，在3092.30～3100.9 m见累计厚度为2.7 m"新型杂卤石钾盐矿"，在3132.40～3193.90 m见累计厚度为14.30 m"新型杂卤石钾盐矿"，在3404.0～3484.4 m见累计厚度为64.60m"新型杂卤石钾盐矿"，识别出三层"新型杂卤石钾盐矿"矿层，各钾盐矿层之间均存在一套单层厚度20～50m的硬石膏或灰岩、白云岩隔夹层，表示存在整体咸化背景下，存在次一级的咸化-淡化-咸化的盐韵律，且单井岩性纵向变化规律中未显示逆断层岩性重复特征。综合分析表明，中、下部钾盐组厚度大，含钾品位好，是该井的新型杂卤石钾盐主力矿层。

根据连井岩性对比，下矿层较易识别，通常出现在嘉四-五段的第一个碳酸盐岩-蒸发岩沉积旋回中，即嘉四-五段下部的膏盐层中，下矿层分布在调查评价区北西侧，由F2井、MB1井、MB2井、DW101井、DW102井等工程控制。中矿层发育亦较好，在多个井中识别，中矿层分布在调查评价区中部和南东，由DW2井、DW101井、DW102井、PG7井、DW1井等工程控制，且矿层较厚，位于嘉四-五段中较大的第二个碳酸盐岩-蒸发岩沉积旋回中，通常出现在嘉四-五段的中部，即嘉四-五段第二个较厚的白云岩或灰质云岩上部的膏盐层中。由岩相古地理演化特征可知，蒸发浓缩盆地的沉积差异性，导致嘉四-五晚期蒸发岩沉积的平面岩性差异性较大，上矿层仅在HC1井、川宣地1井、DW102井、PG101井有发现，其他井未见上矿层发育。

六、矿层特征

（一）矿层分布

基于"新型杂卤石钾盐矿"单井识别，沿地震主测线方向和垂直主干线方向完成井-震连井剖面综合对比图共3条。连井1：MB7-DW1-PG7-PG4-PG12（图6-23）；连井2：MB1-DW101-PG2-PG9-PG10（图6-24）；连井3：F2-MB2-DW102-PG11-PG6-PG5-PG8-LJ2-LJ1-LJ3（图6-25），根据连井信息，可总结出"新型杂卤石钾盐矿"矿层的时空分布特征。

1. "新型杂卤石钾盐矿"垂向分布特征

结合连井图可以看出，研究区内"新型杂卤石钾盐矿"具有多层分布特征，其岩性组合为硬石膏-"新型杂卤石钾盐矿"与石盐互层-石盐-硬石膏，硬石膏的作用是隔水层，在"新型杂卤石钾盐矿"与石盐互层、石盐层顶板及底板都存在数层厚度较大的硬石膏，"新型杂卤石钾盐矿"与石盐互层、石盐层与水隔离，不被水溶解。

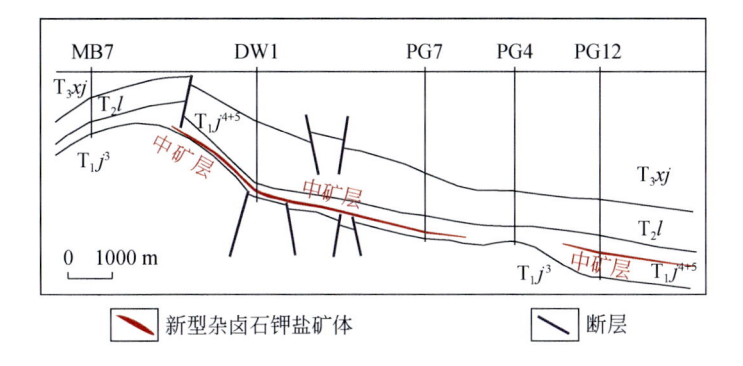

图 6-23 连井对比解释剖面（MB7-DW1-PG7-PG4-PG12）

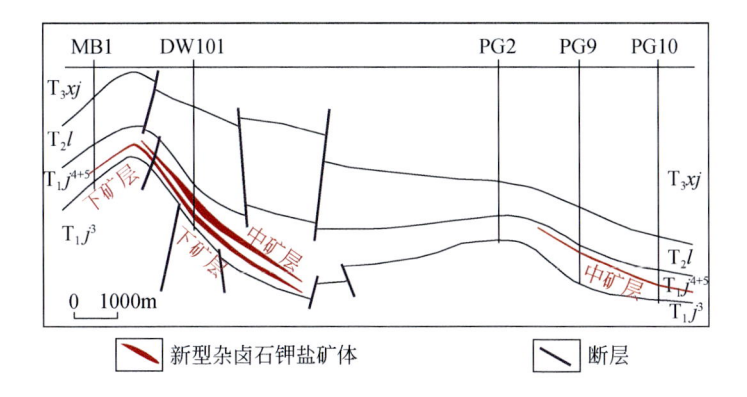

图 6-24 连井对比解释剖面（MB1-DW101-PG2-PG9-PG10）

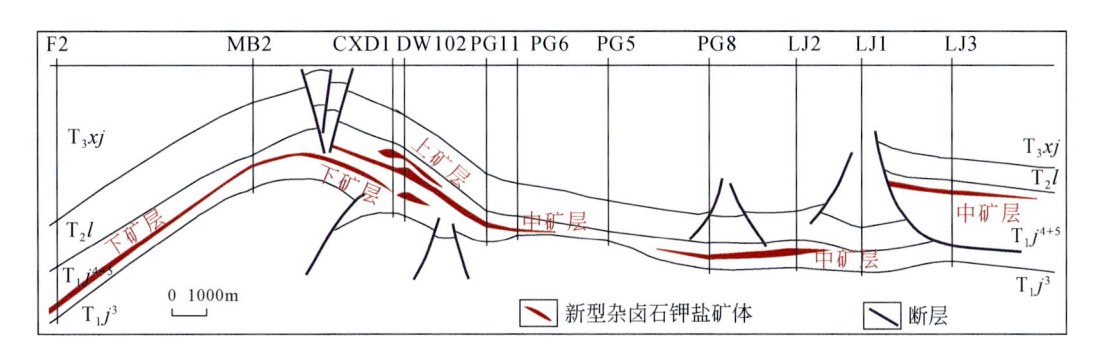

图 6-25 F2-MB2-DW102-PG11-PG6-PG5-PG8-LJ2-LJ1-LJ3 连井对比剖面

自上而下可见 3 个主要钾盐矿层组，其中主力含钾矿层为上部两个钾盐组（下文简称上钾盐组、中钾盐组），最下部的钾盐组（下钾盐组）发育较上面两个钾盐组相对较弱，仅在局部发育较为突出。且矿层沿层分布基本连续，每个钾盐组都以多个透镜体横向呈似层状为特征。因此，研究区内多数井只可见一个钾盐组，且多为上钾盐组或中钾盐组，如 DW2 井、PG8 井、PG9 井、PG12 井、F2 井、HC1 井等，也可见两三个钾盐组均被钻遇的情况，如 DW102 井、LJ2 井等。

各钾盐组在不同的区域表现特征也有所不同，川宣地 1 井上、中钾盐组均较发育，其中上钾盐组为该井的主力钾盐矿层，其"新型杂卤石钾盐矿"层整体厚度大，且钾盐品位较高，而 DW102 井的下钾盐组则较为发育，表现出优于上钾盐组的含钾品位和厚度，是该井的主力钾盐矿层。此外，还有一些井仅发育极薄的"新型杂卤石钾盐矿"矿层，如 DW1、DW3、HC3 井等。上述区域差异性与钾盐矿层的不连续分布有关，也主要受不同时期成钾中心的迁移所控制，反映出了当时沉积环境和区域构造对成盐成钾的控制作用。

2. "新型杂卤石钾盐矿"空间分布特征

结合地震反演矿层平面分布特征，区内主要发育沿构造背斜核部的北北东向主矿体和与之垂直的多个次级矿体。前者主要沿连井剖面 3，自 DW2 井向 HC1 井一带沿北北东方向发育，且矿体以多个透镜盐体形式存在，与其纵向特征一致，且在恒成井区域（土主镇）周边显示其发育厚度和面积最大。后者则发育多个与主矿体垂直的次级条带状矿体，如沿 LJ2-LJ3 方向及与之近乎平行的过 QX2 井、PG8 井的南东向矿体，且整体上该与主构造方向垂直的次级矿体发育厚度和面积小于北北东向主矿体。同时，在主矿体和与之垂直的次级矿体之间的背斜翼部，矿体几乎不发育，如 PG5 井-PG9 井-PG2 井-PG13 井一带。

（二）矿层埋深

从连井图和剖面图可以看出，研究区内"新型杂卤石钾盐矿"具有多层分布特征，本次工作将矿层分为上矿层、中矿层、下矿层。三个矿层的对应标高和埋深见表6-7~表6-9。

上矿层最高标高-2672.11 m，最低标高-4088.77 m，最小埋深-3012.80 m 和最大埋深-4634.10 m。

中矿层最高标高-2250.43 m，最低标高-4252.23 m，最小埋深-2992.50 m 和最大埋深-5190.00 m。

下矿层最高标高-2740.484 m，最低标高-4494.96 m，最小埋深-3098.40 m 和最大埋深-5497.40 m。

（三）矿层规模、工程控制程度、厚度与品位

本次工作共划分出 3 个矿层，7 个矿块。上矿层：上矿块Ⅰ，上矿块Ⅱ，上矿块Ⅲ；中矿层：中矿块Ⅳ，中矿块Ⅴ，中矿块Ⅵ；下矿层：下矿块Ⅶ。

表 6-7 上矿层矿体标高和埋深统计表

矿层	井号	矿层编号	深度（顶）/m	深度（底）/m	海拔/m	埋深（顶）/m	埋深（底）/m
上	恒成1井	上1	−2960.28	−2976.78	421.62	−3012.11	−3015.21
	川宣地1	上1	−2672.11	−2675.21	340.00	−3034.61	−3035.91
		上2	−2694.61	−2695.91	340.00	−3039.81	−3043.37
		上3	−2699.81	−2703.37	340.00	−3044.31	−3045.21
		上4	−2704.31	−2705.21	340.00	−3045.21	−3053.61
		上5	−2705.21	−2713.61	340.00	−3053.61	−3057.81
		上6	−2713.61	−2717.81	340.00	−3059.41	−3060.61
		上7	−2719.41	−2720.61	340.00	−3358.1	−3359.6
	大湾102井	上1	−2751.61	−2752.31	340.69	−3092.30	−3093.00
		上2	−2758.21	−2760.21	340.69	−3098.90	−3100.90
	普光101井	上1	−4080.97	−4088.77	545.33	−4626.3	−4634.1

表 6-8 中矿层矿体标高和埋深统计表

矿层	井号	单井矿层编号	深度（顶）/m	深度（底）/m	海拔/m	埋深（顶）/m	埋深（底）/m
中	DW2井	中1	−2250.43	−2252.23	742.07	−2992.50	−2994.30
		中2	−2255.73	−2258.83	742.07	−2997.80	−3000.90
		中3	−2267.23	−2267.93	742.07	−3009.30	−3010.00
	DW101井	中1	−3250.73	−3251.63	510.67	−3761.40	−3762.30
		中2	−3285.23	−3286.13	510.67	−3795.90	−3796.80
		中3	−3287.13	−3288.23	510.67	−3797.80	−3798.90
		中4	−3324.23	−3326.13	510.67	−3834.90	−3836.80
		中5	−3347.23	−3351.13	510.67	−3857.90	−3861.80
		中6	−3356.43	−3357.43	510.67	−3867.10	−3868.10
		中7	−3357.43	−3358.33	510.67	−3868.10	−3869.00
		中8	−3358.33	−3359.63	510.67	−3869.00	−3870.30
		中9	−3359.63	−3362.23	510.67	−3870.30	−3872.90
	PG7井	中1	−3829.0	−3830.52	383.98	−4213.00	−4214.50
		中2	−3831.0	−3836.12	383.98	−4215.00	−4220.10
		中3	−3837.5	−3838.62	383.98	−4221.50	−4222.60
	DW1井	中1	−3421.2	−3424.80	689.20	−4110.40	−4114.00
		中2	−3438.1	−3439.10	689.20	−4127.30	−4128.30

续表

矿层	井号	单井矿层编号	深度（顶）/m	深度（底）/m	海拔/m	埋深（顶）/m	埋深（底）/m
中	DW102 井	中 1	-2791.71	-2792.21	340.69	-3132.40	-3132.90
		中 2	-2832.81	-2833.81	340.69	-3173.50	-3174.50
		中 3	-2837.71	-2839.61	340.69	-3178.40	-3180.30
		中 4	-2839.61	-2844.41	340.69	-3180.30	-3185.10
		中 5	-2844.41	-2845.91	340.69	-3185.10	-3186.60
		中 6	-2845.91	-2846.71	340.69	-3186.60	-3187.40
		中 7	-2849.41	-2850.71	340.69	-3190.10	-3191.40
		中 8	-2850.71	-2852.31	340.69	-3191.40	-3193.00
		中 9	-2852.31	-2853.21	340.69	-3193.00	-3193.90
	川宣地 1 井	中 1	-3018.1	-3019.60	340.00	-3358.10	-3359.60
		中 2	-3026.5	-3030.30	340.00	-3366.50	-3370.30
		中 3	-3046.6	-3048.10	340.00	-3386.60	-3388.10
	PG11 井	中 1	-3429.94	-3432.34	337.16	-3767.10	-3769.50
		中 2	-3432.34	-3433.64	337.16	-3769.50	-3770.80
		中 3	-3433.64	-3437.94	337.16	-3770.80	-3775.10
		中 4	-3440.84	-3442.34	337.16	-3778.00	-3779.50
		中 5	-3442.34	-3460.34	337.16	-3779.50	-3797.50
		中 6	-3463.34	-3470.14	337.16	-3800.50	-3807.30
		中 7	-3470.14	-3470.94	337.16	-3807.30	-3808.10
		中 8	-3473.34	-3476.24	337.16	-3810.50	-3813.40
		中 9	-3477.44	-3478.34	337.16	-3814.60	-3815.50
		中 10	-3478.34	-3479.24	337.16	-3815.50	-3816.40
		中 11	-3479.24	-3480.34	337.16	-3816.40	-3817.50
		中 12	-3480.34	-3482.14	337.16	-3817.50	-3819.30
		中 13	-3482.14	-3482.84	337.16	-3819.30	-3820.00
		中 14	-3482.84	-3483.74	337.16	-3820.00	-3820.90
		中 15	-3483.74	-3486.14	337.16	-3820.90	-3823.30
	DW3 井	中 1	-3090.793	-3092.59	424.01	-3514.80	-3516.60
	PG6 井	中 1	-3555.82	-3558.32	558.48	-4114.30	-4116.80
		中 2	-3558.32	-3559.32	558.48	-4116.80	-4117.80
		中 3	-3559.32	-3560.52	558.48	-4117.80	-4119.00
		中 4	-3562.92	-3563.52	558.48	-4121.40	-4122.00
		中 5	-3563.52	-3564.92	558.48	-4122.00	-4123.40
		中 6	-3575.02	-3576.62	558.48	-4133.50	-4135.10
		中 7	-3580.82	-3582.42	558.48	-4139.30	-4140.90

续表

矿层	井号	单井矿层编号	深度（顶）/m	深度（底）/m	海拔/m	埋深（顶）/m	埋深（底）/m
中	PG12井	中1	-4044.61	-4045.91	829.39	-4874.00	-4875.30
		中2	-4047.61	-4048.91	829.39	-4877.00	-4878.30
		中3	-4050.91	-4051.71	829.39	-4880.30	-4881.10
		中4	-4051.71	-4053.51	829.39	-4881.10	-4882.90
		中5	-4053.51	-4055.11	829.39	-4882.90	-4884.50
	PG9井	中1	-3803.89	-3804.99	902.01	-4705.90	-4707.00
		中2	-3804.99	-3805.79	902.01	-4707.00	-4707.80
		中3	-3805.79	-3806.49	902.01	-4707.80	-4708.50
		中4	-3807.09	-3809.39	902.01	-4709.10	-4711.40
	PG8井	中1	-3822.7	-3823.60	351.10	-4173.80	-4174.70
		中2	-3825.1	-3827.80	351.10	-4176.20	-4178.90
		中3	-3828.5	-3833.50	351.10	-4179.60	-4184.60
		中4	-3836.7	-3838.80	351.10	-4187.80	-4189.90
		中5	-3842.6	-3844.50	351.10	-4193.70	-4195.60
		中6	-3844.5	-3845.40	351.10	-4195.60	-4196.50
		中7	-3846.5	-3848.20	351.10	-4197.60	-4199.30
		中8	-3852.4	-3855.10	351.10	-4203.50	-4206.20
		中9	-3855.1	-3859.20	351.10	-4206.20	-4210.30
		中10	-3859.2	-3860.00	351.10	-4210.30	-4211.10
		中11	-3860	-3864.90	351.10	-4211.10	-4216.00
	PG10井	中1	-4130.45	-4131.65	1054.35	-5184.80	-5186.00
		中2	-4132.75	-4135.65	1054.35	-5187.10	-5190.00
	LJ2井	中1	-3750.287	-3752.19	847.81	-4598.10	-4600.00
		中2	-3752.987	-3754.99	847.81	-4600.80	-4602.80
		中3	-3755.987	-3759.29	847.81	-4603.80	-4607.10
		中4	-3760.187	-3761.69	847.81	-4608.00	-4609.50
		中5	-3761.687	-3762.59	847.81	-4609.50	-4610.40
		中6	-3766.187	-3767.49	847.81	-4614.00	-4615.30
		中7	-3767.487	-3771.99	847.81	-4615.30	-4619.80
		中8	-3820.687	-3822.19	847.81	-4668.50	-4670.00
		中9	-3823.087	-3825.09	847.81	-4670.90	-4672.90

续表

矿层	井号	单井矿层编号	深度（顶）/m	深度（底）/m	海拔/m	埋深（顶）/m	埋深（底）/m
中	LJ3 井	中 1	-3053.17	-3054.67	376.13	-3429.30	-3430.80
		中 2	-3055.67	-3056.97	376.13	-3431.80	-3433.10
		中 3	-3056.97	-3058.77	376.13	-3433.10	-3434.90
		中 4	-3060.77	-3073.47	376.13	-3436.90	-3449.60
		中 5	-3076.27	-3077.47	376.13	-3452.40	-3453.60
		中 6	-3080.67	-3081.67	376.13	-3456.80	-3457.80
		中 7	-3082.27	-3083.77	376.13	-3458.40	-3459.90
		中 8	-3084.67	-3087.37	376.13	-3460.80	-3463.50
		中 9	-3087.37	-3089.37	376.13	-3463.50	-3465.50
		中 10	-3089.37	-3091.17	376.13	-3465.50	-3467.30
		中 11	-3091.17	-3092.37	376.13	-3467.30	-3468.50
		中 12	-3092.37	-3093.37	376.13	-3468.50	-3469.50
	QX2 井	中 1	-4177.43	-4179.33	420.67	-4598.10	-4600.00
		中 2	-4180.13	-4182.13	420.67	-4600.80	-4602.80
		中 3	-4183.13	-4186.43	420.67	-4603.80	-4607.10
		中 4	-4187.33	-4188.83	420.67	-4608.00	-4609.50
		中 5	-4188.83	-4189.73	420.67	-4609.50	-4610.40
		中 6	-4193.33	-4194.63	420.67	-4614.00	-4615.30
		中 7	-4194.63	-4199.13	420.67	-4615.30	-4619.80
		中 8	-4247.83	-4249.33	420.67	-4668.50	-4670.00
		中 9	-4250.23	-4252.23	420.67	-4670.90	-4672.90

表 6-9　下矿层矿体标高和埋深统计表

矿层	井号	矿层编号	海拔（顶）/m	海拔（底）/m	海拔/m	埋深（顶）/m	埋深（底）/m
下	F2 井	下 1	-4427.36	-4428.16	1002.44	-5429.80	-5430.60
		下 2	-4429.16	-4432.56	1002.44	-5431.60	-5435.00
		下 3	-4432.56	-4434.56	1002.44	-5435.00	-5437.00
		下 4	-4434.56	-4435.66	1002.44	-5437.00	-5438.10
		下 5	-4438.96	-4443.96	1002.44	-5441.40	-5446.40
		下 6	-4443.96	-4445.16	1002.44	-5446.40	-5447.60

续表

矿层	井号	矿层编号	海拔（顶）/m	海拔（底）/m	海拔/m	埋深（顶）/m	埋深（底）/m
下	F2井	下7	-4445.16	-4445.96	1002.44	-5447.60	-5448.40
		下8	-4445.96	-4449.96	1002.44	-5448.40	-5452.40
		下9	-4449.96	-4450.66	1002.44	-5452.40	-5453.10
		下10	-4450.66	-4452.56	1002.44	-5453.10	-5455.00
		下11	-4452.56	-4455.06	1002.44	-5455.00	-5457.50
		下12	-4456.16	-4457.46	1002.44	-5458.60	-5459.90
		下13	-4465.36	-4466.06	1002.44	-5467.80	-5468.50
		下14	-4494.16	-4494.96	1002.44	-5496.60	-5497.40
	MB1井	下1	-2988.432	-2989.832	542.47	-3530.90	-3532.30
	MB2井	下1	-2740.484	-2743.184	357.92	-3098.40	-3101.10
		下2	-2745.884	-2749.484	357.92	-3103.80	-3107.40
		下3	-2753.084	-2759.984	357.92	-3111.00	-3117.90
		下4	-2761.384	-2765.184	357.92	-3119.30	-3123.10
	DW101井	下1	-3427.73	-3429.23	510.67	-3938.40	-3939.90
		下2	-3479.73	-3482.83	510.67	-3990.40	-3993.50
	DW102井	下1	-3063.31	-3065.11	340.69	-3404.00	-3405.80
		下2	-3066.41	-3067.31	340.69	-3407.10	-3408.00
		下3	-3067.31	-3069.21	340.69	-3408.00	-3409.90
		下4	-3069.21	-3070.41	340.69	-3409.90	-3411.10
		下5	-3070.41	-3071.81	340.69	-3411.10	-3412.50
		下6	-3071.81	-3084.81	340.69	-3412.50	-3425.50
		下7	-3084.81	-3086.31	340.69	-3425.50	-3427.00
		下8	-3086.31	-3099.71	340.69	-3427.00	-3440.40
		下9	-3099.71	-3100.71	340.69	-3440.40	-3441.40
		下10	-3102.91	-3103.71	340.69	-3443.60	-3444.40
		下11	-3104.21	-3105.11	340.69	-3444.90	-3445.80
		下12	-3107.71	-3109.41	340.69	-3448.40	-3450.10
		下13	-3109.41	-3110.41	340.69	-3450.10	-3451.10
		下14	-3112.61	-3113.31	340.69	-3453.30	-3454.00
		下15	-3119.41	-3120.21	340.69	-3460.10	-3460.90
		下16	-3121.11	-3128.41	340.69	-3461.80	-3469.10
		下17	-3128.41	-3130.11	340.69	-3469.10	-3470.80
		下18	-3130.11	-3141.11	340.69	-3470.80	-3481.80
		下19	-3141.11	-3143.71	340.69	-3481.80	-3484.40

1. 上矿层

上矿层分布范围有限，在HC1井、川宣地1井、DW102井、PG101井附近有分布（表6-10）。矿层由单工程控制，矿体厚度在7.63~16.45 m之间，厚度变化系数72%，变化较大，不稳定；K^+平均品位在2.58%~5.77%之间，品位变化系数43%，较均匀。

表6-10　上矿层矿体特征统计表

矿体编号	控制工程	埋深起/m	埋深止/m	单工程矿体真厚度/m	K^+品位/%
上矿层	HC1井	3381.9	3398.4	16.45	2.58
	川宣地1井	3012.8	3061.3	22.46	5.77
	DW102井	3092.3	3100.9	2.68	2.44
	PG101井	4626.3	4634.1	7.63	3.47

上矿层共有3个矿块：上矿块Ⅰ，上矿块Ⅱ，上矿块Ⅲ，特征见表6-11。

表6-11　上矿层矿块特征统计表

矿体编号	矿块编号	投影面积/m²	块段平均垂直厚度/m	块段体积/m³	块段KCl平均品位/%
上矿层	上矿块Ⅰ	25308035	16.51	417800385.08	4.9
	上矿块Ⅱ	885452	12.76	11302543.51	10.3
	上矿块Ⅲ	817861	7.75	6339020.04	6.6

2. 中矿层

中矿层分布在调查评价区中部和南东，由DW2井、DW101井、DW102井、PG7井、DW1井等工程控制（表6-12）。矿层厚度在1.77~46.18 m之间，厚度变化系数86%，变化较大，不稳定，矿体厚度除了受沉积控制外，与构造密切相关，受构造影响局部较薄，局部加厚。中矿层K^+平均品位在2.09%~7.20%之间，品位变化系数31%，较均匀。

表6-12　中矿层矿体特征统计表

矿体编号	控制工程	埋深起/m	埋深止/m	单工程矿体真厚度/m	K^+品位/%
中矿层	DW2井	2992.5	3010	5.53	2.59
	DW101井	3761.4	3872.9	14.42	3.76
	PG7井	4213.0	4222.6	7.67	3.61
	DW1井	4110.4	4128.3	4.55	3.56
	DW102井	3132.4	3193.9	14.14	4.99

续表

矿体编号	控制工程	埋深起/m	埋深止/m	单工程矿体真厚度/m	K$^+$品位/%
中矿层	川宣地1井	3358.1	3388.1	6.79	2.09
	PG11井	3767.1	3823.3	46.18	5.52
	DW3井	3514.8	3516.6	1.77	2.87
	PG6井	4114.3	4140.9	9.90	4.33
	PG12井	4874	4884.5	6.78	4.86
	PG9井	4705.9	4711.4	4.86	3.11
	PG8井	4173.8	4216	24.99	5.50
	PG10井	5184.8	5190	4.05	4.50
	LJ2井	4598.1	4672.9	18.86	5.39
	LJ3井	3429.3	3469.5	29.68	7.20
	QX2井	4598.1	4672.9	18.87	5.38

中矿层共有3个矿块：中矿块Ⅳ，中矿块Ⅴ，中矿块Ⅵ，特征见表6-13。

表6-13 中矿层矿块特征统计表

矿体编号	矿块编号	投影面积/m^2	块段平均垂直厚度/m	块段体积/m^3	块段KCl平均品位/%
中矿层	中矿块Ⅳ	42272018	11.24	417800385.08	8.1
	中矿块Ⅴ	25000000	5.55	138828892.49	4.9
	中矿块Ⅵ	67603599	15.29	1240402163.30	10.0

3. 下矿层

下矿层分布在调查评价区北西侧，由F2井、MB1井、MB2井、DW101井、DW102井等工程控制（表6-14）。矿层厚度在1.40~64.60 m之间，高度变化系数111%，变化较大，不稳定，矿体厚度除了受沉积控制外，与构造密切相关，受构造影响局部较薄，局部加厚。下矿层K$^+$品位在2.27%~6.54%之间，品位变化系数47%，较均匀。

表6-14 下矿层矿体特征统计表

矿体编号	控制工程	埋深起/m	埋深止/m	单工程矿体真厚度/m	K$^+$品位/%
下矿层	F2井	5429.8	5497.4	26.20	4.15
	MB1井	3530.9	3532.3	1.40	2.27
	MB2井	3098.4	3123.1	17.00	7.06
	DW101井	3938.4	3993.5	4.60	2.80
	DW102井	3404	3484.4	64.60	6.54

下矿层共有 1 个矿块：下矿块Ⅶ，特征见表 6-15。

表 6-15 下矿层矿块特征统计表

矿体编号	矿块编号	投影面积/m²	块段平均垂厚度/m	块段体积/m³	块段 KCl 平均品位/%
下矿层	下矿块Ⅶ	20016066	20.22	461127366.14	10.7

七、矿体围岩和夹石

（一）围岩

"新型杂卤石钾盐矿"顶底板围岩多为石盐、硬石膏，少量为白云岩和灰岩、白云质灰岩。矿体产状与围岩一致。

（二）夹石

"新型杂卤石钾盐矿"矿层一般为单一层状-似层状矿体，质纯，无夹石。少量小于 0.5 m 者，已并入样品。

八、矿石特征与类型划分

（一）"新型杂卤石钾盐矿"的矿石特征

1. 采样和测试方法

本书研究的"新型杂卤石钾盐矿"样品采自川宣地 1 井，该井位于四川盆地东北部大湾-雷银堡背斜的大湾构造核部，由资源所海相钾盐项目组设计部署，完钻井深 3797 m，钻遇的地层从上到下为第四系（Q）、上侏罗统蓬莱镇组（J_3p）和遂宁组（J_3sn）、中侏罗统下沙溪庙组（J_2s）和新田沟组（J_2xt）、下侏罗统自流井组（J_1zl）、上三叠统须家河组（T_3xj）、中三叠统雷口坡组（T_2l）、下三叠统嘉陵江组嘉四-五段和嘉三段上部（T_1j）。在井深 2760.49～3698.46 m 获得了雷口坡组一段至嘉陵江组嘉四-五段（T_2l^1—T_1j^{4-5}）的连续完整岩心 837.25 m，为"新型杂卤石钾盐矿"的系统研究提供了难得的第一性岩心实物资料。

在川宣地 1 井含盐层段岩心中每隔 15～20 cm 间距抽取样品进行地球化学分析，主力矿层段采用 1/4 劈心法取样测试，岩性柱状图见图 5-9。化学分析样品测试工作由国家地质实验测试中心和青海省地质矿产测试应用中心完成，分析项目包括 K^+、Na^+、Ca^{2+}、Mg^{2+}、Cl^-、SO_4^{2-}、HCO_3^-、CO_3^{2-}、水不溶物。其中 K^+、Na^+、Ca^{2+}、Mg^{2+}、SO_4^{2-}

测试方法为电感耦合等离子发射光谱法；Cl⁻测试方法为硝酸银滴定法；CO_3^{2-}、HCO_3^-测试方法为 HCl-NaOH 滴定法，测试设备为滴定管；水不溶物测试方法为重量法，测试仪器为电子天平。整岩破碎至 200 目进行 X 射线粉末衍射分析，以获得矿石的主要矿物组成。实验仪器为 Rigaku D/max-rA 衍射仪，使用 Cu Kα 辐射（40 kV，100 mA）。测量采用步进扫描模式，在 1.5406 Å 的角度范围为 3°～70°，步进间隔为 0.02°，速率为 8°/min。采用 EVA 3.0 程序（Bruker AXS）和 pdf-2 数据库（International Center for Diffraction Data）对 X 射线衍射结果进行评价。

所有盐矿样品均制成 30 μm 抛光薄片，含盐样品采用富钾饱和盐水进行切割和抛光，以确保抛光薄片中易溶矿物的完整性。使用德国徕卡公司生产的 LEICA2500P 显微镜进行矿物鉴定。在此基础上，选取了 3 个与不同矿物共存的杂卤石样品进行 SEM 矿物和物相鉴定。将样品掰成 0.1～0.5 cm 的小块，用导电胶带粘贴在样品架上，使其平面朝上，然后涂上一层薄薄的碳涂层。在这项研究中，我们使用了中国地质调查局国家地质实验测试中心的蔡司超正扫描电子显微镜，运行条件为：15 kV 加速电压，1×10^{-12}～1×10^{-7} A 束流范围，12～100 万倍（二次电子像），100～100 万倍（背散射电子像）束流范围。

2. 矿石特征

1）宏观矿石特征

川宣地 1 井嘉四-五段岩心揭示了两套碳酸盐岩-蒸发岩沉积旋回，其中蒸发岩层段分为"上蒸发岩段"（井深：2990.00～3077.00 m）和"中蒸发岩段"（井深：3119.63～3698.46 m）。岩心中的杂卤石具有两种不同的赋存形式：一种是以层状、似层状或脉状、团块状赋存于硬石膏中，并可见少量石盐以盐脉或顺层溶蚀孔洞形式与之伴生[图 6-26（a）～（e）]，另一种是以碎屑状、条带状或不规则团块状分布于石盐层中[图 6-26（i）～（l）]。石盐基质中杂卤石碎屑占比变化较大，上蒸发岩段石盐基质中的碎屑杂卤石占比普遍较高，含少量硬石膏、菱镁矿及黏土矿物，而中蒸发岩段石盐基质中的碎屑主要为硬石膏，杂卤石含量较低。层状、条带状以及较大的碎屑状杂卤石具有毫米至厘米明暗相间的原生纹层；脉状或团块状杂卤石尤其是前者斜穿地层，白色，质地纯净，呈油脂-蜡状光泽，具有沉积期后的次生成因特征。杂卤石和硬石膏都是细粉晶结构、手标本不易区分，但杂卤石在钻探过程中与泥浆发生反应，形成一层枣红色的脆性包壳，包裹在岩心表面，厚度约 1 mm，易脱落 [图 6-26（a）（b）]。相比之下，钻探过程中被泥浆污染的硬石膏表面呈锈红色，附着在岩心表面，不会脱落 [图 6-26（f）]。

2）微观矿石特征

微观尺度下"新型杂卤石钾盐矿"中杂卤石碎屑颗粒主要有以下特征：

图 6-26　川宣地 1 井嘉四-五段"新型杂卤石钾盐矿"中杂卤石碎屑颗粒的赋存特征

(a) 层状杂卤石，粉细晶结构，具毫米级纹层特征，枣红色外壳易剥落；(b) 层状杂卤石，粉细晶结构，具厘米级纹层特征，枣红色外壳易剥落；(c) 硬石膏中的杂卤石薄层；(d) 硬石膏中的杂卤石脉，质纯，具有油脂-蜡状光泽，呈粉细晶结构；(e) 硬石膏中的团块状杂卤石；(f) 钻探过程中被泥浆污染的硬石膏表面呈锈红色，附着在岩心表面，不会脱落；(g) 硬石膏截面，黑灰色，粉细晶结构；(h) 杂卤石岩，夹石盐脉；(i) 杂卤石呈角砾状分布于石盐基质中，K 含量较高；(j) 杂卤石呈条带状分布于石盐基质中，K 含量较高；(k) 杂卤石呈砂砾分布于石盐基质中，K 含量中等；(l) 含杂卤石粉细砂屑（晶）的含钾层

（1）分布于石盐基质中的碎屑状杂卤石晶体多为长柱状的半自形晶［图 6-27（a）~(e)］，单晶自形程度较高［图 6-27（a）］，而较大碎屑（或杂卤石岩层）中的杂卤石晶体尺寸变化较大，可见原生沉积层理和构造形变导致的糜棱结构［图 6-27（c）（d）］。碎屑边缘的杂卤石与石盐晶体边界清晰，无交代特征［图 6-27（e）］，表明与石盐共伴生的杂卤石为原生沉积成因。

（2）与硬石膏共生的杂卤石，可见杂卤石交代硬石膏的现象，次生杂卤石晶体完整度较低，且往往伴随着硬石膏等矿物的残余结构［图 6-27（f）（g）］。

（3）除此以外，与菱镁矿和鳞片状黏土矿物共生的杂卤石在扫描电镜下，杂卤石单晶仍为短柱状或粒状，菱镁矿不规则地覆盖在杂卤石晶体之间的凹陷处［图 6-27

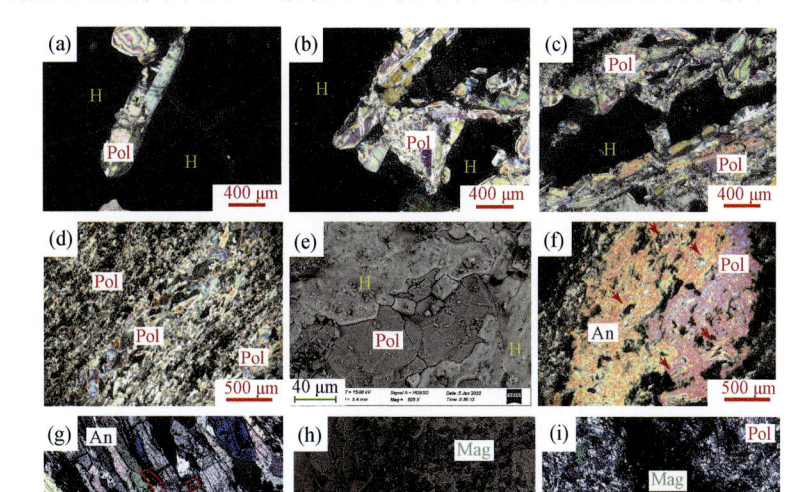

(h)]，这可能是造成杂卤石在显微镜下呈现针状、簇状结构的原因［图6-27（i）］。

图6-27 各种"新型杂卤石钾盐矿"及杂卤石的镜下微观特征

An-硬石膏；H-盐；Pol-杂卤石；Mag-菱镁矿。(a)"含粉细砂屑（晶）杂卤石盐岩层"中的杂卤石多以单晶和几个晶体组成的碎屑分布于石盐基质中，杂卤石晶体呈长柱状，尺寸较大，多为半自形晶。杂卤石与石盐晶体边界光滑，无交代作用，XPL（正交光）。(b)"盐质砂砾屑型新型杂卤石钾盐矿"中的杂卤石晶体呈长柱状，尺寸较大，多为半自形晶。杂卤石与石盐晶体边界光滑，无交代作用，XPL（正交光）。(c)"盐质条带-角砾型新型杂卤石钾盐矿"，可见细粒杂卤石与粗粒杂卤石互层，细粒杂卤石杂质含量较高且破碎，粗粒杂卤石质纯且晶体较完整，XPL（正交光）。(d)"盐质骨架型新型杂卤石钾盐矿"，具明显的定向糜棱结构，细粒杂卤石与粗粒杂卤石互层，细粒杂卤石杂质含量较高且破碎，粗粒杂卤石质纯且晶体较完整，XPL（正交光）。(e)石盐基质中的杂卤石，杂卤石与石盐之间的边界光滑，没有交代作用，SEM（扫描电镜照片）。(f)硬石膏被杂卤石不完全交代形成的交代残余结构，出现在泥质较多的部分。硬石膏颗粒内的筛状微织体型杂卤石包裹体无形状并具有晶体择优取向性，XPL（正交光）。(g)在硬石膏晶体边缘（红色框内）观察到交代环边结构的次生杂卤石，XPL（正交光）。(h)杂卤石与菱镁矿共生，杂卤石晶体呈柱状、粒状，菱镁矿具有相对完整的对称粒状晶体，与菱镁矿共生的杂卤石晶体尺寸较小，展示了不稳定的蒸发环境。相比之下，纯净的杂卤石晶体尺寸较大，可能意味着稳定的蒸发环境，SEM（扫描电镜照片）。(i)与菱镁矿共生的放射状杂卤石，XPL（正交光）。

（二）"新型杂卤石钾盐矿"矿石类型划分

根据杂卤石在矿床中的含量和分布特征，可将川宣地1井"新型杂卤石钾盐矿"（含钾层）划分为4种类型：

（1）骨架型"新型杂卤石钾盐矿"［图6-26（a）(b)］，以杂卤石为主，含少量硬石膏和石盐。石盐往往以脉状分布于杂卤石层中。这类"新型杂卤石钾盐矿"的钾含量在3.5%～12%之间，主要受硬石膏成分的制约。川宣地1井上部含钾蒸发岩段存在约9 m的骨架型"新型杂卤石钾盐矿"。

（2）条带-角砾型"新型杂卤石钾盐矿"［（图6-26（c）(d)］。杂卤石碎屑在石盐基质中的含量较高，约50%，且大部分长轴直径大于20 mm，圆度较低，呈角砾岩或条状碎块。该类型"新型杂卤石钾盐矿"的钾含量在 3%~8% 之间。

（3）砂砾型"新型杂卤石钾盐矿"[图 6-26（e）]。分布在石盐基质中的大部分岩屑直径大于 2 mm，小于 20 mm [图 6-26（e）]，杂卤石含量为 20%~50%，K 的品位为 2.5%~6.5%。

（4）含粉细砂（晶）杂卤石含钾层 [图 6-26（f）]。大部分杂卤石碎屑的平均直径小于 2 mm，呈粉-细砂或细-粉晶结构，石盐基质中的杂卤石含量不超过 <20%，钾含量较低，通常达不到杂卤石开采的工业品位，因此本书称其为新型杂卤石含钾层。

骨架型"新型杂卤石钾盐矿"通常赋存于杂卤石与石盐的接触处，条带-角砾型"新型杂卤石钾盐矿"、砂砾型"新型杂卤石钾盐矿"和细粉砂（晶）型"新型杂卤石钾盐矿"主要赋存于较厚的石盐层中，三种杂卤石类型在川宣地 1 井中呈逐渐过渡关系，即以条带-角砾型为中心，碎块的大小向两侧逐渐减小，圆度略有增加，这一特征在较厚的石盐层中完整展现，且局部的杂卤石碎屑也展现了定性排列的特征 [图 6-28（a）]，

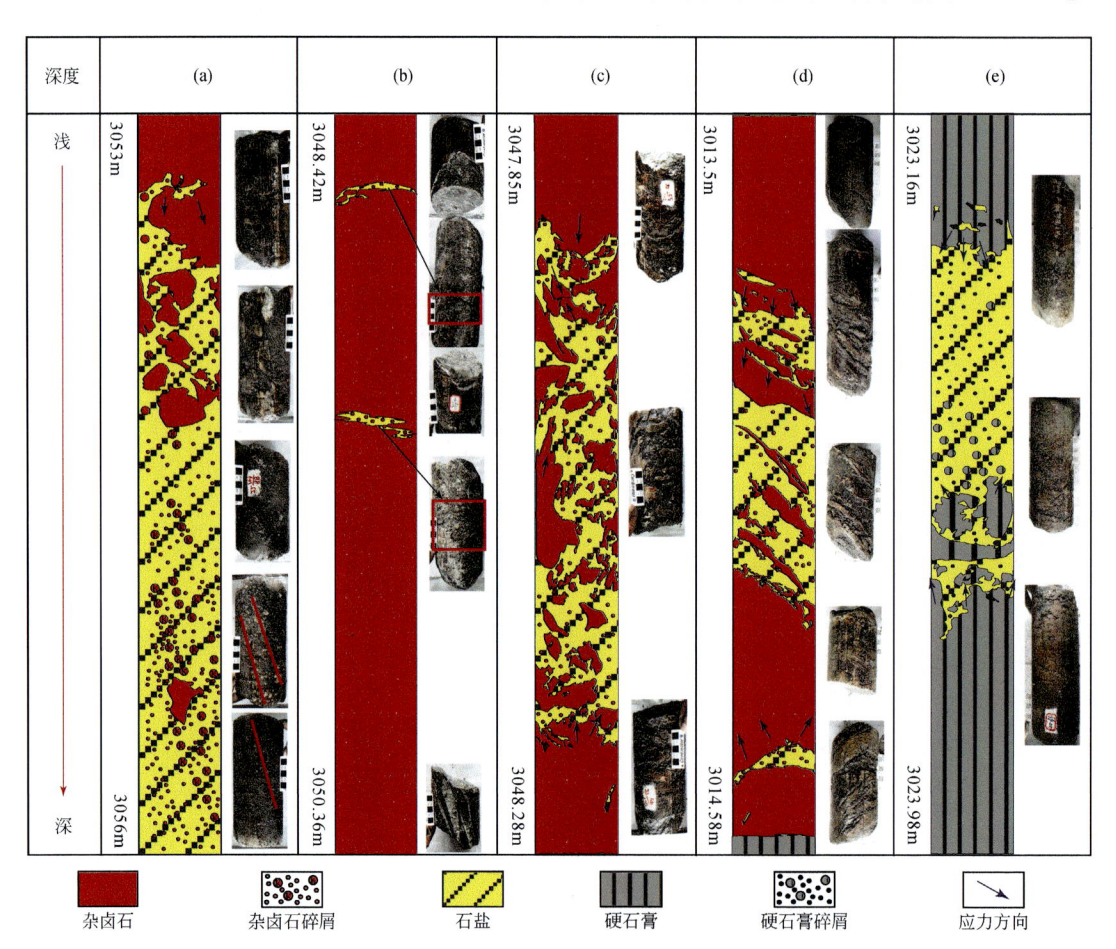

图 6-28 川宣地 1 井石盐基质中杂卤石和硬石膏的分布特征（张永生等，2024）

而较薄石盐层中的杂卤石碎屑尺寸多较大，塑性特征较明显［图 6-28（c）］，具有保留原生薄层特征的条带状碎屑［图 6-28（d）］，可能是碎屑运移空间不充足等原因造成。在骨架型"新型杂卤石钾盐矿"中，杂卤石（或硬石膏）破碎、撕裂和塑性变形明显，展现出塑性和刚性双重特点，而膏岩层中的杂卤石展示出强烈的塑性特征［图 6-28（d）］。此外，在杂卤石碎屑的边缘经常可见"火焰状结构"，是一类不同压实作用引起的流变特征，可能是由沉积期和沉积期后杂卤石和石盐硬度不同而造成的压力差贯穿造成的（赵德钧等，1987）。

（三）"新型杂卤石钾盐矿"的矿石质量特征

1. 矿物组合及共生关系

经过手标本观察、薄片鉴定及扫描电镜、粉晶 X 射线衍射、电子探针等技术手段分析"新型杂卤石钾盐矿"的矿物组成（图 6-29），"新型杂卤石钾盐矿"的主要矿物成分为石盐、碎屑颗粒杂卤石和硬石膏，此外还包含少量石英、菱镁矿和黏土矿物（高岭石、水云母等）等（表 6-16）。

2. 化学成分

"新型杂卤石钾盐矿"的主要化学成分为：Na^+、K^+、Ca^{2+}、Mg^{2+}、Cl^-、SO_4^{2-}、OH^-、水不溶物等。

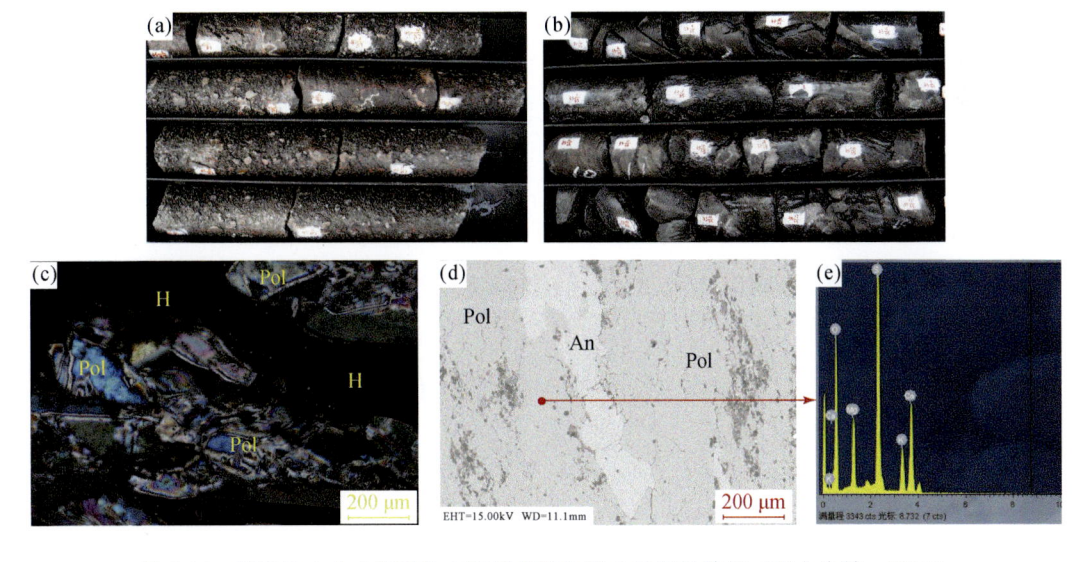

图 6-29 川宣地 1 井"新型杂卤石钾盐矿"岩心及显微特征（张永生等，2021）

（a）(b)"新型杂卤石钾盐矿"宏观特征；(c) 正交偏光下，杂卤石被石盐晶体胶结；(d) 电子探针下，杂卤石与硬石膏共生；(e) 电子探针下，杂卤石能谱曲线；Pol-杂卤石，H-石盐，An-硬石膏

表 6-16 "新型杂卤石钾盐矿"粉晶 X 射线衍射结果

序列	样品编号	含量/%						
		方解石	白云石	硬石膏	石英	石盐	菱镁矿	杂卤石
1	XX1-24-8-1	—		3	1	82	2	12
2	XX1-25-4			5	1	55	3	36
3	XX1-26-6-2	—	—	—	—	60	—	40
4	XX2-4-3			9		51		12
5	XX2-8-1					51		36
6	XX2-9-1	—		12		61	—	40

注:"—"表示未检测出数据。

第三节 "新型杂卤石钾盐矿"矿石加工选冶性能

按规范要求,调查评价阶段一般要根据掌握的矿石特征,与已知矿床进行选矿和加工技术的类比研究,做出是否可作为工业原料的评价。区内有恒成公司对其探矿权内"新型杂卤石钾盐矿"做了矿石加工性能研究。本次研究工作开展了类比研究。

恒成公司对其勘探区内 HC3、7 井取心井段的"新型杂卤石钾盐矿"进行了水溶性试验,试验选用了 6 件矿石样品,分别进行了侧溶溶蚀速度、侧溶角,上溶溶蚀速度、溶解速度,卤水膨胀率,水不溶残渣(湿体)膨胀率,水不溶残渣湿体及含盐量,水不溶残渣粒度分析及颗粒沉降速度分析,卤水化学成分等 7 个项目的分析,对矿石工业利用性能进行了评价。

一、矿石溶解性能特征

(一)侧溶溶解性能

从侧溶试验结果看,试验条件不同,测试结果有一定差异,但波动较小。在相同试验条件下,矿石的溶解速度与矿石质量成正比,总体比较稳定。不同类型的矿石溶解速度随溶剂中的 NaCl 浓度增加而逐渐下降。

在相同试验条件下,矿石的溶蚀速度则与矿石质量关系不密切。质量差的矿石溶蚀速度较缓,杂质掉块多,整体溶蚀速度与质量好的矿石相差不大。

侧溶角:矿石的侧溶角大小与矿石质量(NaCl 含量)关系不大,在卤水浓度 0°～5°Be′、0°～10°Be′、0°～15°Be′之间,各试样侧溶角有一定差异,但相差不大;卤水浓度 0°～24°Be′时,侧溶角相差明显增大。

（二）上溶溶解性能

从上溶溶解结果和溶解曲线、溶蚀速度曲线看，矿石溶蚀速度和溶解速度都非常稳定。当卤水浓度达到 24°Be′时，矿石的溶解速度大大减缓，小于 0.3g/(cm²·h)。

与矿石的侧溶结果比较，初溶时矿石以侧溶为主，而溶解一定时期后则侧溶溶蚀速度及上溶溶蚀速度相同。

二、水不溶残渣膨胀率及含盐量

卤水分析结果显示，两组试样中，纯盐岩残渣膨胀率 1.1%～3.98%，含盐量 0.18%～7.85%。以上数据表明矿石可用水溶法开采。

三、矿石综合利用评价

卤水常规分析结果表明，盐岩中 NaCl 溶解性能极好，各组试样溶解至 24°Be′后 NaCl 含量在 286.44～311.78 g/L 之间，K_2SO_4 含量 26.21～33.17 g/L。杂卤石钾盐矿石中 NaCl 和杂卤石溶解性能好，卤水质量高，可直接用于制钾盐、钠盐及用作其他化工原料。

四、"新型杂卤石钾盐矿"静态淡水溶矿小试效果好

在上述认识基础上，取"新型杂卤石钾盐矿"岩心 1120 g，加入淡水 1120 mL，置于恒温水浴锅中，80 ℃静态浸泡，定时取样，实验用时全程 129 天，实验结果如下：

（1）新型杂卤石致密度差，盐与盐、盐与杂卤石晶体间填充有泥质成分，溶解时在水的浸泡下会解体垮塌，有利于溶解的进行。

（2）氯化钠的溶解速度远大于杂卤石，但氯化钠饱和后杂卤石仍会继续溶解，但溶解速度变缓（图 6-30）。

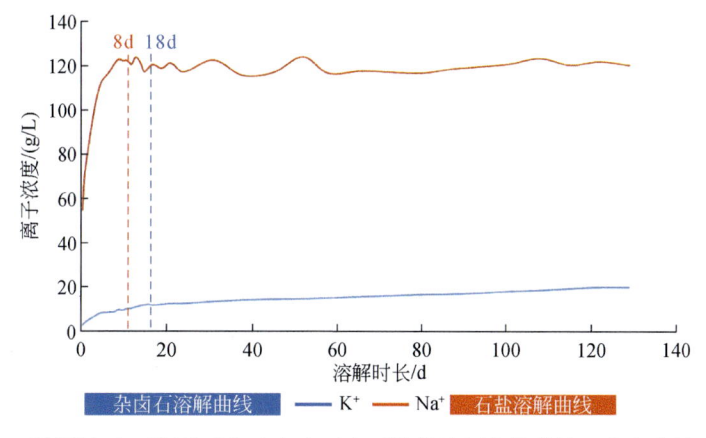

图 6-30 "新型杂卤石钾盐矿"中杂卤石和石盐的溶解变化曲线（张永生等，2024）

从图6-30中可以看出，结合分析数据，母液中氯化钠约在8天达到饱和（120.58 g/L），钾离子在14天达到11.38 g/L（工业品位的2倍），在18天后杂卤石溶解速度明显变慢，在129天左右溶出接近停止，达到峰值19.84 g/L（工业品位的4倍），证明只要有杂卤石存在的情况下，即使氯化钠已经溶出饱和，杂卤石中的钾仍会持续溶出，达到其极限溶解度，也说明氯化钠饱和溶液有助于杂卤石的溶解，"新型杂卤石钾盐矿"便于利用对接井进行水溶法开采。

五、对接井水溶法溶矿采卤提钾中试见成效

2020年以来，联合恒成公司开展"新型杂卤石钾盐矿"的对接井淡水溶采中试［图6-31（a）(b)］，累计获得25 t工业氯化钾产品（KCl含量98.37%）［图6-31（c）］，获取成套溶矿建槽采卤技术经济参数，表明此类"新型杂卤石钾盐矿"有望得到工业化开发利用。

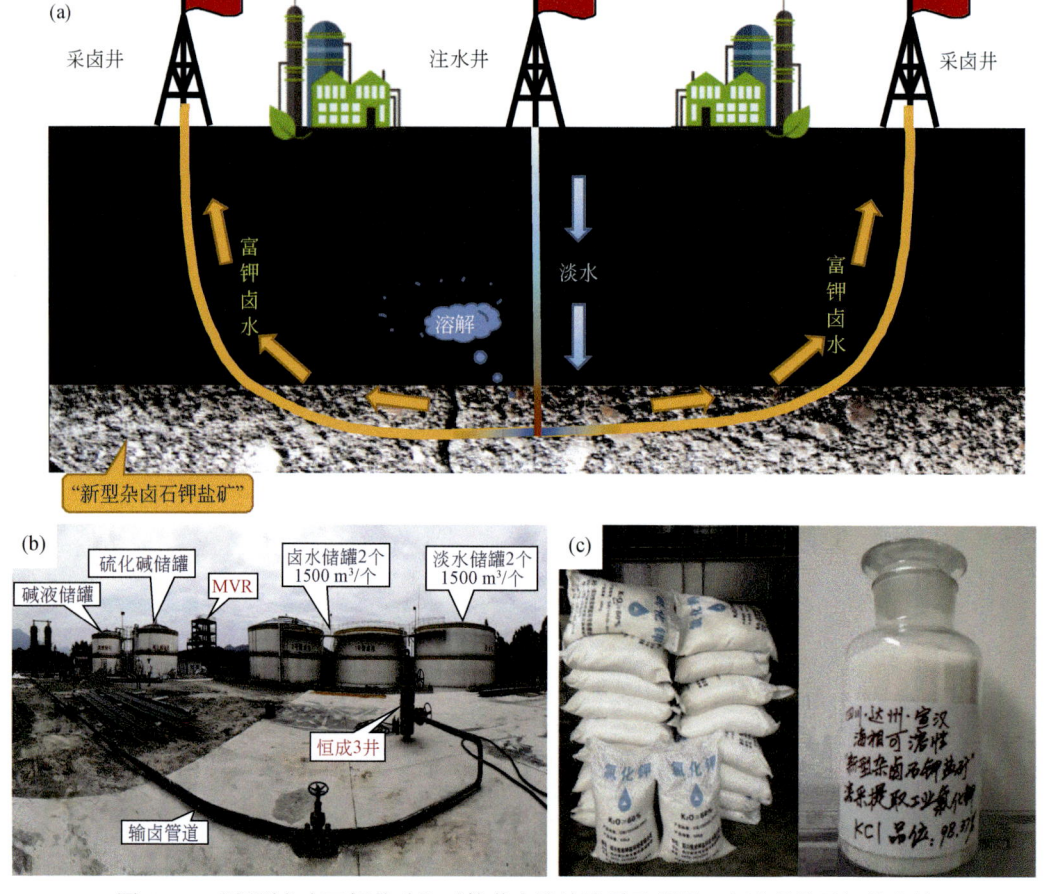

图6-31 "新型杂卤石钾盐矿"对接井水溶法溶采示意图、中试现场及钾盐产品
(a) 对接井溶采示意图；(b) 中试现场；(c) 利用"新型杂卤石钾盐矿"的溶矿混合卤水提取的1 t多工业氯化钾产品（KCl含量：98.37%）（张永生等，2024）

第四节　矿床开采技术条件

一、水文地质

（一）区域水文地质概况

1. 地形地貌

宣汉县境内地形复杂、山势逶迤，由东北向西南倾斜绵延，呈"七山一水两分田"总体地貌。平均海拔 780 m，最高 2458 m（龙泉大团包），最低 277 m（君塘千丘塝）。宣汉山脉属大巴支脉，1000 m 以上山峰 171 座，2000 m 以上 14 座。

工作区地处大巴山南麓，地貌类型多为山地和丘陵，总体东北较高，西部较缓，海拔多在 300~1500 m 之间。按地貌类型可分为低山、丘陵地形。丘陵分布于中、后河和冲沟两侧，因平坝与山地分割开而独立的丘陵地貌类型；低山分布于河谷两岸。

2. 气候

宣汉县属中亚热带湿润季风气候区，无霜期长。年均气温 16.8 ℃，日照 1488 h，降水量 1230 mm，无霜期 296 天。宣汉县域极端最高气温为 41.3 ℃（1959 年 8 月 24 日），极端最低气温为 -5.3 ℃（1975 年 2 月 15 日）。宣汉县域降水量最多的年份是 1983 年，降水 1698 mm。降水量最少的年份是 1966 年，降水 865.9 mm。日降水量最大是 1989 年 7 月 8 日，降水 242.4 mm。

3. 水文

宣汉县属嘉陵江水系，境内有前河、中河和后河三条主要河流纵横交错。其中，中河在普光镇与后河汇合，而前河与后河则在城东汇聚形成州河。这些河流的天然落差在 16.6~327 m，年均流量介于 34~160 m³/s 之间。宣汉县内的流域面积占据了全县面积的 88%。

（二）调查评价区水文地质条件

区内水文地质条件受地质构造、地层岩性、地形地貌及气象水文等条件制约明显，特别是地下水类型分布，岩层的富水性程度，地下水（含地热水）的补、径、排特点及水化学特征等也严格受到上述条件的控制，区内有松散岩孔隙水、碎屑岩孔裂隙水、碳酸盐岩岩溶裂隙水。

1. 松散岩孔隙水

由于区内第四系不发育，分布零星，面积窄小，厚度较薄，地下水较为贫乏，一般不具供水意义。

2. 碎屑岩裂隙水

碎屑岩层间裂隙水主要赋存于上三叠统须家河组砂岩夹泥岩含煤地层和下-中侏罗统自流井组、新田沟组下部砂岩及中上部砂泥岩之不等厚互层中。

赋存状况受砂岩含水岩层厚度、裂隙发育程度及所处地貌条件的控制，该类含水岩层主要出露背斜两翼。区内采煤后坑硐较多，多数地下水已被煤硐排泄，利用钻井采水时出水量一般为 100～500 m³/d，水质类型多为 HCO_3-Ca 型，矿化度小于 0.5 g/L，水温在 18 ℃左右。

3. 碳酸盐岩岩溶裂隙水

碳酸盐岩岩溶裂隙水主要赋存于下三叠统嘉陵江组及中三叠统雷口坡组碳酸盐岩地层中，该类含水岩层主要出露于背斜轴部或近轴部，在工作区内未有出露，水质为 $CaCl_2$ 型，矿化度多大于 300 g/L，为过饱和富钾锂卤水。

4. 补给、径流、排泄

大气降水通过岩石缝隙渗入含水层，是区内地下水补给的一种普遍的和主要的形式。由于河流密布，沟壑纵横，切割较深，含水层受到切割，而多呈片段分布。因此形成了为数众多的含水单元，在各个小单元内，由于从补给区到排泄区的距离较近，因而地下水以就近补给就近排泄为主，在有利的构造及地貌部位，亦有丰富的地下水储存。因为红层和碎屑岩均有砂、砾岩与泥（页）岩（即含水层与隔水层）相间叠置的组合特征，所以各含水砂砾岩层一般都具有各自的补、径、排系统，故其相互之间通常是不存在水力联系的。深层卤水靠含卤含水层相互补给。

（三）水文地质条件

1. 充水类型

工作区矿层埋深较深，影响矿床充水的主要含水层为嘉陵江组四-五段和雷口坡组，主要有岩溶水和裂隙水，大部分顶底板为隔水层，少量为含水层，且因断层切割导致局部破碎而裂隙含水，因此总体而言为裂隙充水型矿床。

2. 复杂程度

工作区主要矿体埋深大，位于当地侵蚀基准面以下，覆盖层厚，构造复杂。矿体顶底板主要为盐岩和硬石膏，渗透率低，隔水性好，少量为灰岩、白云岩。综合评价工作区矿床水文地质条件为中等型。

二、工程地质

(一)工程地质岩组特征

根据岩石成因、岩性及工程地质特征的相似性,将矿区划分为5个岩组。

1. 松散岩岩组

第四系松散堆积层。浅黄灰色砂、泥和砂质黏土,以及各类砾石互层。沿河流两岸有不连续分布。河流冲积成因,含一定量的冲洪积和残坡积壤土类。密实程度低,稳定性差,成分复杂。

2. 半坚硬岩岩组

由各类碎屑岩,包括粉砂岩、细砂岩、砂岩不等厚互层组成。为含矿层的覆盖层,岩性稳定,厚度大,未发现蚀变特征。本岩组岩层多形成含水层,为孔隙裂隙储水,与泥岩形成的隔水层交复成层,平行叠置。

3. 软岩岩组

泥岩,多为紫红色或灰-灰黑色。与半坚硬岩岩组岩层不等厚互层。本岩组岩层多形成隔水层,厚度大,隔水性好。

4. 碳酸盐岩岩组

岩性为灰岩和白云岩。多为灰-灰黑色,泥晶、微晶结构,块状构造。可与硬石膏岩不等厚互层。该岩组中部分破碎岩层是卤水的储存层位,卤水充填于裂隙、溶蚀孔洞中。

5. 蒸发岩岩组

由无色透明石盐岩、灰-灰黑色硬石膏岩和杂卤石组成。石盐岩多为中-粗粒结构,块状构造,总厚度超过 30 m,密度低,主要成分是 NaCl,大部分已经达到工业品位,部分可见星点状、条带状和团块状杂卤石以及硬石膏岩。硬石膏岩多为层状、似层状,多形成隔水层,是矿层的顶底板。杂卤石多为灰白-深灰色,微-细粒结构,块状或层状构造,少量条带状构造、团块状构造、斑杂状构造等。

(二)矿层顶底板

矿层顶底板为矿层对外的一个屏障,同时也是最重要的屏障,顶底板稳定程度直接关系到矿层储藏条件。

勘查区矿层上覆岩层主要由两大套岩类组成,上段为陆相碎屑岩层,包括侏罗系砂岩、泥岩和上三叠统须家河组砂岩、含煤砂页岩,岩层厚度较稳定。下段为中三叠统雷口坡组海相碳酸盐岩夹蒸发岩。因雷口坡组一段海相沉积碳酸盐岩夹蒸发岩层段对矿山开发影响较大，以下主要讨论该段的稳定性。

根据《四川省宣汉县黄金口钾盐预查报告》项目资料，该项目对顶底板岩层选取代表性样品进行了工程力学试验，对抗压强度、抗拉强度、抗剪强度进行了测试。

1. 抗压强度

试验结果表明顶板灰岩含水率 0.67%，天然抗压强度 52.2 MPa。底板白云岩含水率 0.63%，天然抗拉强度 27.5 MPa。

2. 抗拉强度

试验结果表明顶板灰岩天然抗拉强度 2.04 MPa。底板白云岩天然抗拉强度 1.14 MPa。

3. 抗剪强度

试验结果表明顶板灰岩凝聚力 3.27 MPa、内摩擦角 42.5°。底板白云岩凝聚力 2.01 MPa、内摩擦角 42.1°。

（三）工程地质勘查类型

工作区地表主要出露地层为中侏罗统新田沟组、下沙溪庙组、上沙溪庙组及第四系，地层岩性特征以泥岩、砂岩、砂质泥岩及泥质砂岩为主。工作区地表工程地质属简单类型，野外地质调查表明，工程地质问题不发育，未见滑坡、泥石流、地面塌陷、地裂缝等地质灾害及不良地质现象。

工作区矿层顶底板稳定程度较好，但若到盐岩开采后期，岩体内部应力平衡受到破坏，容易造成溶腔上覆岩层塌陷，形成裂隙，改变裂隙系统。致使顶板地层垮塌造成套管变形、裂口，使生产井寿命缩短，并可能形成卤水沿裂隙、井筒上窜至地表造成污染。后期矿山应在开采方法、工艺的选择及固井质量等方面注意。

三、环境地质

根据地质环境现状及矿床开采引起的变化，矿区在矿坑排水和矿石的采、选以及废石、尾矿的存放各个环节中，均不会造成地表和地下水体的污染，矿区地质环境中等；区内无重大污染源，无热害，经水质测试地表水、地下水水质较好；矿床的开采不至于引起地面沉降、塌陷和地裂及地下水枯竭等不良地质现象的发生。

矿区地形较缓、岩体较稳固，一般不会产生滑坡、山崩等现象。矿区内第四系覆盖面积小、厚度薄，大部分地段植被发育，暴雨季节发生泥石流现象可能性不大。

参照《四川省宣汉县土主新型杂卤石钾盐矿区勘探报告》，勘探区溶采，矿层厚度 10.6 m，矿层倾角较小时，溶腔导致顶板岩层垮塌的影响厚度为 124 m。国内外盐矿开采实践证明盐矿溶腔对埋深 1000 m 以上地面一般无任何影响，因此矿山水溶采发生地面沉降、地面塌陷、地裂缝等地质灾害的可能性较小。

但需注意的一点是，由于工作区和普光气田矿权重叠，在勘查和溶采过程中应注意油气井安全，避免两者井眼相碰和油气井套管变形带来的安全隐患。

第五节 地质勘查工作及质量评述

一、勘查方法及工程布置

（一）勘查方法

工作区钾盐为深藏钾盐矿床，根据《盐湖和盐类矿产地质勘查规范》，本次采用石油钻机钻探，通过岩屑录井、岩心录井、地球物理测井、水文观测、岩矿鉴定、化学分析、测井资料解译、地震资料解译等手段来全面了解资源情况。

（1）钻探工程及地质编录：以钻探工作为主要手段，选择成矿条件较好的地段进行深部控制，配合钻探地质编录及各类样品的采集，大致了解矿体的特征。

（2）物探：通过对标准井（川宣地 1 井）进行测井、岩心编录、测试分析建立起了本区测井数据和化学分析数据之间的转换关系，通过对油气井的测井数据的解译，大致查明矿区盐岩矿的埋深、厚度、品位等。通过对三维地震资料的解译，基本摸清了工作区构造与地层的展布特征。

（3）采样、分析工作：按相关规范和设计要求进行系统的采样测试工作。

（二）工程布置

结合工作区所处构造位置，考虑矿体形态、产状、品位、厚度等变化特征以及矿体延伸方向，在核心区布置了 1 口标准井，为相关资料的利用建立了标尺。本次工作对工作区内 33 口井开展测井资料解译，其中含"新型杂卤石钾盐矿"的井有 22 口。

（三）勘查工程间距与勘查类型

参照《矿产地质勘查规范 盐类 第 3 部分：古代固体盐类》，调查评价阶段矿体的基本特征尚未查清，难以确定勘查类型，但有类比条件的，可与同类矿床类比，可初步确定勘查类型。

工作区内矿体延展规模大，主要矿体是中矿层，以主矿体为准；矿体较稳定，呈似层状或透镜状，形态和内部结构较简单，构造中等，矿体厚度变化较大，不稳定，品位较均匀（矿层厚度在 1.8~46.7 m 之间，厚度变化系数 86%，K^+ 平均品位在 2.09%~7.20% 之间，品位变化系数 31%）；构造复杂程度中等；岩溶不发育。根据以上特征，作为本次调查的调查依据，本次工作将"新型杂卤石钾盐矿"勘查类型定为第Ⅱ勘查类型，第Ⅱ勘查类型基本工程间距（控制工程间距）为 2.5 km，遂将此次调查工作的勘查工程间距定为 2.5 km。

本次工作对调查评价区内共生石盐矿也进行评价，将区内石盐矿定为第Ⅱ勘查类型，第Ⅱ勘查类型基本工程间距为 2～3 km，此次工作的勘查工程间距暂定为 2.5 km。

二、地质勘查工作质量评述

（一）钻探工程及其质量评述

本次工作在四川盆地川东断褶带大湾-雷音铺背斜带大湾构造南部实施了川宣地 1 井，该井为定向斜井，实际井深 3797.00 m，完钻层位为嘉陵江组三段，完井方法为套管完井，开展了三级质量检查，野外检查（图 6-32）成绩优秀。

图 6-32 川宣地 1 井岩心野外检查工作

川宣地 1 井工程测量 6 项基本参数与相关信息汇总如表 6-17 所示。

1. 岩矿心采取率与整理

（1）川宣地 1 井取心井段 2760.49～3611.29 m，3695.67～3698.46 m 累计取心进尺 853.59 m，岩心长 837.25 m，采取率 98.08%。

（2）川宣地 1 井取出岩心，洗净后自上而下按次序装箱，无颠倒或任意拉长，按规定编号，每回次填放岩心票（包括没有岩心的回次），对岩心箱进行了编号，箱子规格符合要求且结实。

表 6-17 工程测量（川宣地 1 井）基本信息表

地理位置	四川省宣汉县普光镇铜坎社区		
构造位置	四川盆地川东断褶带大湾-雷音铺背斜带大湾构造南部		
钻井性质	地质调查井		
井口坐标	X 3491834.18 Y 36475235.96		
井底坐标	X 9461645.49 Y 32839003.54		
地面海拔	340.00 m		
补心高	6.50 m		
构造名称	雷音铺背斜带大湾构造南部	井型	定向斜井
设计井深	3900.00 m	实际井深	3797.00 m
设计完钻层位	嘉陵江组三段	实际完钻层位	嘉陵江组三段
设计完井方法	生产套管完井	实际完井方法	套管完井
开钻日期	2019-08-21 11：00	完钻日期	2020-08-08 09：00
完井日期	2020-09-03 18：00	完井周期	378.96 d
纯钻时间	2437.67 h	平均机械钻速	1.56 m/h
取心进尺	853.59 m	岩心采取率	98.08%
钻机台月	12.63 台月	平均钻机月速	300.63 m/台月
钻井总时间	9095 h	生产时间	70.28%
井身质量	合 格	固井质量	合格
钻机型号	ZJ50		

2. 钻孔弯曲与测量间距

川宣地 1 井 0~1450 m 为直井井段，1450~2616 m 为定向增斜段，2616~2760.49 m 为稳斜段，2760.49~3611.29 m 为取心段。川宣地 1 井井深 3797 m，井斜 4.28°，方位 292.74°，垂深 3757.71 m，水平位移 449.5 m，闭合方位 338.45°。最大井斜 18.02°，井身质量合格。

其余搜集到的钻孔均为普光气田油气探井，井身质量符合油气探井行业相关要求。本次研究参与计算的钻井基本工程间距为 2.5 km 左右，符合规范要求。

3. 简易水文观测

按照规范要求，对川宣地 1 井进行简易水文观测。具体情况如下：

一开井段：0~500 m。

钻进至 250 m 发生井漏，漏速 20 m³/h，后改为单泵钻进（降排量）漏速逐渐减小至停，本次共漏失井浆 26 m³（密度 1.05 g/cm³，黏度 46 s）于 8：00 恢复正常钻进，钻井液配置：淡水 100 m³+0.5%纯碱+8%膨润土+0.2%NaOH 预水化 24 h 备用。将配制好的预水化膨润土浆替入井内，调整井浆性能，使其满足井下正常钻进要求。井浆性能：密度 1.03～1.15 g/cm³，黏度 30～60 s，切力 2/4.5，滤失量 15～11 mL/0.5h，含砂 0.5%，固含 3%～8%，pH9～11。

二开井段：500～2737 m。

2020 年 1 月 5 日完成二开钻井，电测，固井作业。该井段前期采用空气钻进。空气钻进至井深 1014 m 时气浸严重，全烃 13%可点燃，10 min 自动熄灭。2019 年 10 月 18 日钻进至井深 1415 m 时井内产水，起钻过程中前 15 柱较困难，最终停止空钻，采用聚磺泥浆钻进。2019 年 10 月 19 日下光钻杆堵漏，配堵漏泥浆 75 m³，浓度 10%（复合堵漏剂 5.5 t，搬土 4.5 t），替泥浆入井。恢复正常钻进。随后顺利完成电测，下套管作业。

三开井段：2737～3797 m。

2020 年 4 月 18 日至 8 月 8 日完成三开钻井作业。2020 年 4 月 22 日钻进至井深 2760.49 m，开始取心作业。先后完成了 60 次取心作业。钻完进尺后，电测，单扶通井，起钻前将配制好的高黏优质泥浆替入井底，下套管、固井工作顺利完成。

4. 孔深误差的测量与校正

川宣地 1 井使用 ECLIPS-5700 仪器对钻井深度进行测量校正，一开、二开、三开和终孔后均进行孔深测量，符合规范要求；全程地质编录员及监理人员均在现场监测。

5. 原始班报表

川宣地 1 井原始班报表由井队人员在现场时填写，交接班班长和机长亲笔签字确认，装订成册。

6. 完井封孔

完井层位：三叠系嘉陵江组三段。完井方法：因为本井后续可投入生产，所以本井未封孔，采用生产套管完井。

（二）测井资料解译及其质量评述

本次工作对宣汉地区三叠系嘉陵江组-雷口坡组通过测井响应特征共识别出 7 种常见的岩石类型，分别为石灰岩、白云岩、硬石膏岩、杂卤石岩、盐岩、泥岩及含钾泥岩。同时，建立了"新型杂卤石钾盐矿"则带有石盐等其他矿物的岩石物理混合特征，基于不同岩石类型对比分析，研究团队创新提出"新型杂卤石钾盐矿""三高、两低、一大"（高伽马、高钾、高电阻、低钍、低铀、大井径）的测井综合识别模型，为深部海相可溶性"新型杂卤石钾盐矿"的识别和预测提供了有效的测井判识方法。本次工作测井数据解释结果准确，和已知取心井编录资料吻合，满足本次调查评价工作的要求。

利用"新型杂卤石钾盐矿"部署的钾盐科探井（基准井）川宣地 1 井成套岩心样品测试分析数据及其对测井数据的拟合，为其他没有取心但伽马能谱、密度等测井数据资料齐全的天然气探井提供了很好的参照和校正，夯实了本次"新型杂卤石钾盐矿"资源量估算的基础。本次建立了岩心实验分析所获得的密度数据与测井密度数据的线性关系：$\rho_{测试}$= 0.7231x+0.7663，R^2=0.7421。建立了钾含量数据与测井钾含量数据的线性关系：$w(K_{测试})$= 1.0497x+0.3534，R^2=0.8638。相关数据拟合关系能反映真实密度和钾含量信息，满足本次调查评价工作的要求。

（三）三维地震资料解译及其质量评述

本次"新型杂卤石钾盐矿"层含量计算是由中国石油大学（华东）自主研发的、基于极限学习机机器学习算法的核心软件完成的，数据分析整理采用国际主流反演软件 Jason（CGG 公司）。本次进行了三种地震属性反演：波阻抗反演、密度反演、钾含量反演。三维地震解译结果满足本次调查评价工作的要求。

（四）地形测量、地质勘查工程测量及其质量评述

勘查区地形地质图引用国家 1：5 万比例尺的地形及地质图，该图采用国家 2000 大地坐标系，1985 高程基准，其质量符合要求。

勘查区施工的探井直接采用 CORS-RTK 进行测量，根据对工程点进行检查观测校核，其精度较高，达到规范技术要求。其余油气井资料引用油气部门井口坐标数据。

勘探线剖面利用提交的符合要求的地形地质图采用计算机软件图切剖面的方式制作。

（五）采样测试及其质量评述

岩心直径 10 cm，取样钻直径 20 cm，上部钾盐组位于 3000.0～3076.8 m（取心 19～23 回次），共取样 364 个，按回次捡块，用取样钻钻取样品，平均捡块间隔 0.10～0.15 m/个；下部钾盐组位于 3358.0～3389.36 m（取心 45～46 回次），该段共取样 111 个，按回次捡块，用取样钻钻取样品，平均捡块间隔 0.10～0.15 m/个。同时，特别对重点段 3037.73～3056.41 m 岩心进行了劈心法取样（取心 22 回次，取 1/4 岩心），共 103 块，样品长度 6～10 cm 不等，样品送至山东省鲁南地质工程勘察院（山东省地质矿产勘查开发局第二地质大队）实验测试中心完成测试。按要求进行了内检、外检，相关质量符合要求。

第六节 "新型杂卤石钾盐矿"氯化钾资源量估算

一、估算对象、范围

本次估算的矿种主要为钾盐("新型杂卤石钾盐矿"),同时对钠盐(NaCl)也做估算。从连井图和剖面图可以看出,研究区内"新型杂卤石钾盐矿"具有多层分布特征,本次工作将对划分出的上矿层、中矿层、下矿层进行资源量估算,共3个矿层,7个矿块,包括:上矿块Ⅰ,上矿块Ⅱ,上矿块Ⅲ,中矿块Ⅳ,中矿块Ⅴ,中矿块Ⅵ和下矿块Ⅶ。

本次工作资源量估算范围见图6-33。

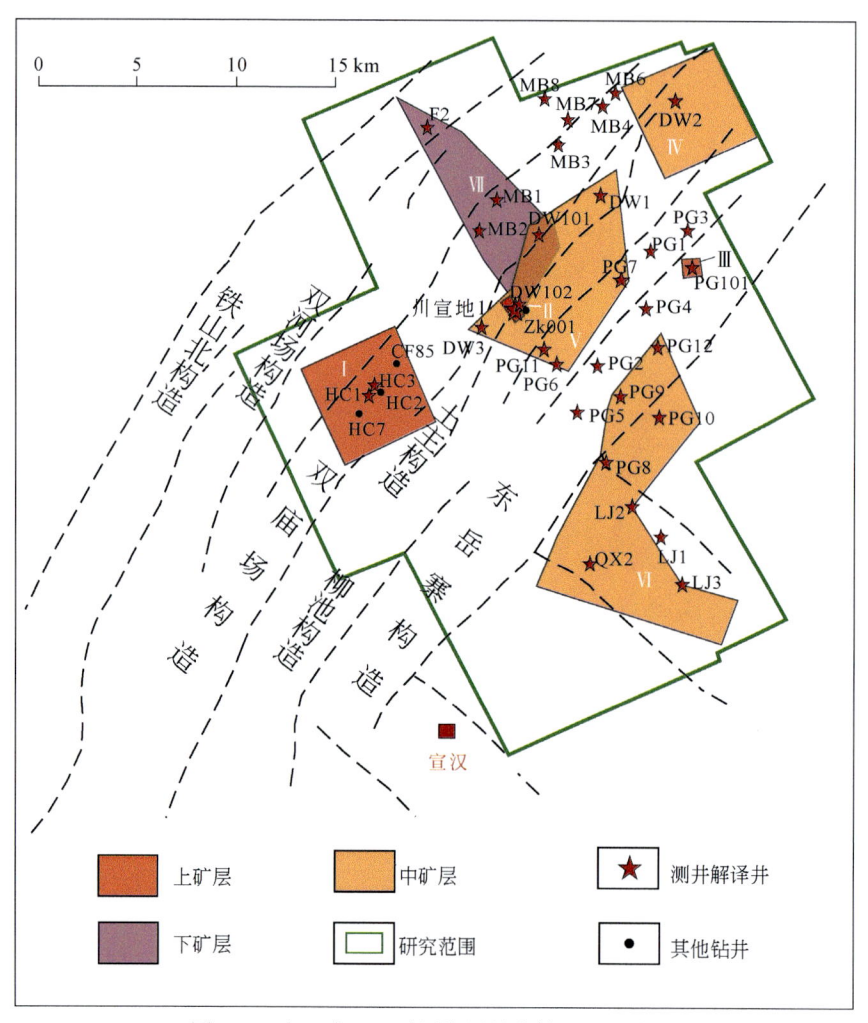

图6-33 上、中、下矿层资源量估算平面示意图

二、工业指标

本次调查评价工作参照《矿产地质勘查规范 盐类 第 3 部分：古代固体盐类》（DZ/T 0212.3—2020）中对工业指标的规定（表 6-18）。

表 6-18 深藏卤水盐类矿产一般工业指标

计量组分	矿产	开采方式	边界品位/%	最低工业品位/%	最小可采厚度/m	夹石剔除厚度/m
KCl	杂卤石	地下开采	≥3	≥8	0.5	0.5
NaCl	石盐	钻井水溶	≥30	≥50		

杂卤石地下开采的工业指标边界品位为 KCl 含量≥3%，换算成 K^+ 含量，为 K^+ 含量≥1.6%。

此外，本次资源量计算还参考了如下标准和规范：
（1）《固体矿产地质勘查规范总则》（GB/T 13908—2020）；
（2）《矿产资源储量规模划分标准》（DZ/T 0400—2022）；
（3）《矿产资源储量评审认定办法》（国土资发〔1999〕205 号）；
（4）《固体矿产资源储量分类》（GB/T 17766—2020）；
（5）《矿区水文地质工程地质勘查规范》（GB/T 12719—2021）；
（6）《地质矿产勘查测量规范》（GB/T 18341—2021）；
（7）《固体矿产勘查原始地质编录规程》（DZ/T 0078—2015）；
（8）《固体矿产勘查工作规范》（GB/T 33444—2016）；
（9）《固体矿产勘查地质资料综合整理综合研究技术要求》（DZ/T 0079—2015）；
（10）《矿产资源综合勘查评价规范》（GB/T 25283—2010）；
（11）《固体矿产地质勘查报告编写规范》（DZ/T 0033—2023）；
（12）《固体矿产资源量估算规程 第 1 部分：通则》（DZ/T 0338.1—2020）；
（13）《固体矿产资源量估算规程 第 2 部分：几何法》（DZ/T 0338.2—2020）；
（14）其他相关规程规范。

三、估算参数的确定

1. 品位

本次调查评价工作中川宣地 1 井、HC1 井、HC2 井、HC3 井共 4 口井的矿石数据为实测，前文论述了利用其中 3 口井的伽马能谱中 K 的测井数据与实测数据拟合预测

K含量的结果，并通过HC1井数据验证，表明单井拟合预测的钾含量具有较好可信度。

单工程平均品位：以该矿层各样品代表厚度或长度为权的加权平均值。

块段平均品位：一般采用块段内单工程平均品位与厚度加权平均。

2. 厚度

块段平均厚度为任意三个工程组成一个三角形块段厚度，为三个单工程矿体（层）的厚度算术平均值。

3. 面积

块段面积为每个三角形在投影面的面积。由于工程控制程度低、深部矿层倾角平缓，不再绘制投影图，直接以平面图为基础，面积单位为 m^2。杂卤石矿和石盐矿资源量的计算方法是采用1:50000平面图为底图进行的。根据矿体的连接、外推直接在图上圈出，在MapGIS中直接量出块段面积。

4. 体积

体积为块段投影面积与块段平均厚度的乘积。

5. 体积质量

本次工作利用川宣地1井"新型杂卤石钾盐矿"的岩心实验分析所获得密度数据与川宣地1井测井密度数据进行拟合，形成线性关系，应用该线性关系对其他无岩心单井密度测井数据进行重新校正计算，提供密度反演所用校正后数据（表6-19）。

表6-19 平均体积质量计算表

矿层	工程编号	单工程平均体积质量/(t/m^3)
上矿层	HC1井	2.43
	川宣地1	2.61
	DW102井	2.47
中矿层	PG101井	2.64
	DW2井	2.38
	DW101井	2.57
	PG7	2.67
	DW1井	2.58
	DW102井	2.69
	川宣地1	2.62
	PG11	2.54
	DW3井	2.68
	PG6	2.52
	PG12	2.57
	PG9	2.52

续表

矿层	工程编号	单工程平均体积质量/（t/m³）
中矿层	PG8	2.53
	PG10	2.43
	LJ2	2.55
	LJ3	2.53
	QX2	2.67
下矿层	F2 井	2.68
	MB1 井	2.55
	MB2 井	2.68
	DW101 井	2.65
	DW102 井	2.61

单工程和块段内矿石平均体积质量都采用与厚度加权平均计算（表 6-20）。

6. 矿体（层）圈定的原则

单工程矿体厚度的圈定主要是依据工业指标，以充分体现矿体的连续性。确定单工程矿体厚度一般按下列步骤进行：

（1）按边界品位的指标初步确定矿体的边界及矿体中的无矿夹石地段；

（2）按夹石剔除厚度指标剔除夹石或并入矿体中；

（3）按边界品位（$w(K^+) \geqslant 1.6\%$）圈定矿体界线。

矿体外推原则：

（1）相邻的两个工程一个见矿，另一个不见矿时，采用有限外推法，自见矿工程外推工程间距的一半尖灭。若工程间距大于本矿区的规定，则按本矿区规定工程间距的 1/2 尖推。为计算方便，在投影图上采用工程间距的 1/4 平推。

（2）见矿工程外没有工程控制，或者工程间距超过控制类工程间距 2 倍时，采用无限外推法，沿矿体倾斜方向尖推控制类工程间距的一倍，为计算方便，在投影图上采用工程间距的 1/2 平推。

7. 类型确定

按规范采用三角形面积与各类别工程网度计算出的面积折半类比，确定块段资源量类型。外推部分为潜在矿产资源。

四、估算方法

根据矿层对比，川东北宣汉地区"新型杂卤石钾盐矿"主要分为三个矿层（上矿层、中矿层、下矿层）。川东北宣汉地区"新型杂卤石钾盐矿"矿体构造变动大（内部

表 6-20 平均体积质量实测表

矿层	块段编号	工程编号	块段实测平均体积质量/(t/m^3)
上矿层	上 1	HC1	2.43
	上 2	川宣地 1	2.59
		DW102	
	上 3	PG101	2.64
中矿层	中 1	DW101	2.60
		DW1	
		PG7	
	中 2	DW101	2.64
		PG7	
		DW102	
	中 3	PG7	2.58
		DW102	
		PG11	
		PG6	
	中 4	DW102	2.63
		DW101	
	中 5	DW101	2.57
		DW1	
	中 6	DW1	2.63
		PG7	
	中 7	DW102	2.67
		DW3	
		川宣地 1	
	中 8	DW3	2.55
		PG6	
	中 9	DW102	2.57
		PG11	
		PG6	
		川宣地 1	
		DW3	
	中 10	PG6	2.59
		PG7	
	中 11	DW2	2.38
	中 12	PG9	2.52
		PG12	
		PG10	

续表

矿层	块段编号	工程编号	块段实测平均体积质量/(t/m³)
中矿层	中13	PG8	2.51
		PG9	
		PG10	
	中14	PG8	2.53
		LJ2	
		PG10	
	中15	PG8	2.57
		LJ2	
		QX2	
	中16	LJ3	2.58
		LJ2	
		QX2	
	中17	PG9	2.55
		PG12	
	中18	PG12	2.54
		PG10	
		LJ2	
	中19	PG8	2.52
		PG9	
	中20	PG8	2.58
		QX2	
	中21	QX2	2.59
		LJ3	
下矿层	下1	F2	2.68
		MB1	
		MB2	
	下2	MB1	2.67
		MB2	
		DW101	
	下3	MB2	2.62
		DW101	
		DW102	
	下4	MB2	2.64
		F2	
		DW102	
	下5	MB1	2.67
		F2	
		DW101	
	下6	DW101	2.61
		DW102	

多呈褶皱肠状）；矿层较薄、矿层数较多；矿层在相邻勘探线剖面上不对应；多数气井不在所布置勘探线上，且不甚规律。若在剖面上圈定矿层，人为因素较大，根据《固体矿产资源量估算规程 第 2 部分：几何法》，主要采用三角形法分矿层计算资源量为宜（在资源量估算水平投影图，以直线连接相邻的三个勘查工程，把矿体分为一系列紧密连接的三角形块段；再依据三角形块段顶点的勘查工程资料，分别估算各块段的资源量，然后分类）。川东北宣汉地区"新型杂卤石钾盐矿"矿体特征和川东北渠县农乐杂卤石矿的矿体特征相似，农乐杂卤石矿于1991年分矿层采用地质块段法提交了详查报告，故本书参考农乐杂卤石详查报告主要采用三角形法分矿层计算资源量。

本次计算的固体矿产，矿种为杂卤石、石盐，计算公式为

$$Q = S \times M \times D$$
$$P = Q \times C$$

式中：Q 为块段内矿石量（t）；P 为块段内有用组分资源量（t）；S 为块段水平投影面积（m²）；M 为块段矿体平均垂直厚度（m）；C 为块段矿体加权平均品位（%）；D 为块段矿石平均体重（t/m³）。

五、估算结果

此次工作分矿层对三个矿层（上矿层、中矿层、下矿层）进行矿石量、矿物量的计算（表 6-21～表 6-23）。

上矿层：KCl 潜在资源量共 5.36224×10^7 t。

中矿层：KCl 推断资源量为 1.797654×10^8 t，KCl 潜在资源量为 3.362396×10^8 t。

下矿层：KCl 推断资源量为 6.49966×10^7 t，KCl 潜在资源量为 7.48397×10^7 t。

工作区 KCl 推断资源量为 2.447619×10^8 t，KCl 潜在资源量为 $4.6470.7 \times 10^8$ t。

六、共生矿产（NaCl）资源量估算

调查评价区杂卤石钾盐矿共生矿产为石盐。新型杂卤石钾盐矿石中主要成分为杂卤石、石盐、硬石膏。本次用于计算资源量的同体共生石盐品位数据，除川宣地 1 井、HC1 井、HC2 井、HC3 井为实测数据之外，其余 NaCl 品位推算方法为：先扣除根据 K^+ 含量估算出的杂卤石含量，再扣除硬石膏含量（平均取 7%，数据来自土主钾盐勘探报告和黄金口钾盐调查评价报告中"新型杂卤石钾盐矿"中硬石膏统计结果），剩余的则为 NaCl 含量。

本次工作对杂卤石钾盐矿三个矿层（上矿层、中矿层、下矿层）的同体共生石盐矿进行矿石量、矿物量的计算（表 6-24、表 6-25），计算过程和方法同 KCl。

表 6-21 矿体资源量、潜在资源量计算表

矿层	块段编号	投影面积/m²	工程编号	块段平均垂直厚度/m	块段体积/m³	块段平均体积质量/(t/m³)	矿石量/10⁴t	块段KCl平均品位/%	KCl资源量/10⁴t	资源类别
上矿层	S1	25308035	HC1	16.51	417800385.08	2.43	101682.95	4.9	5009.10	潜在
	S2	885452	川宣地1 DW102	12.76	11302543.51	2.59	2931.19	10.3	303.27	潜在
	S3	817861	PG101	7.75	6339020.04	2.64	1671.57	6.6	110.84	潜在
中矿层	Z1	6978988	DW101 DW1 PG7	9.61	67081474.80	2.60	17430.46	7.0	1226.27	推断
	Z2	8140643	DW101 PG7 DW102	12.83	104431744.58	2.64	27548.61	8.4	2313.27	推断
	Z3	8464305	PG7 DW102 PG11 PG6	19.60	165913002.50	2.58	42731.57	9.9	4222.57	推断
	Z4	3115553	DW102 DW101	15.35	47813482.10	2.63	12576.17	1106.6	880.49	潜在
	Z5	2647431	DW101 DW1	10.52	27856081.64	2.57	7161.28	507.7	458.78	潜在
	Z6	4196437	DW1 PG7	6.25	26224564.65	2.63	6904.57	473.7	439.17	潜在
	Z7	2883465	DW102 DW3 川宣地1	7.68	22144164.24	2.67	5913.39	480.8	313.21	潜在
	Z8	9439869	DW3 PG6	5.85	55184670.88	2.55	14053.69	1103.3	301.63	潜在
	Z9	3081342	DW102 PG11 PG6 川宣地1 DW3	15.86	48868259.06	2.57	12573.84	1202.8	1202.81	推断
	Z10	3196698	PG6 PG7	8.85	28281440.64	2.59	7313.38	561.2	418.95	潜在
	Z11	25000000	DW2	5.55	138828892.49	2.38	33018.16	4.9	1631.62	潜在
	Z12	3281346	PG9 PG12 PG10	5.28	17309599.59	2.52	4361.52	8.1	351.99	推断

续表

矿层	块段编号	投影面积/m²	工程编号	块段平均垂直厚度/m	块段体积/m³	块段平均体积质量/(t/m³)	矿石量/10⁴t	块段KCl平均品位/%	KCl资源量/10⁴t	资源类别
中矿层	Z13	3476450	PG8 PG9 PG10	11.34	39433920.33	2.51	9909.54	9.6	952.91	推断
	Z14	4191727	PG8 LJ2 PG10	15.99	67013827.01	2.53	16936.58	10.3	1737.09	推断
	Z15	3251439	PG8 LJ2 QX2	20.91	67993047.35	2.58	17519.87	10.4	1816.84	推断
	Z16	6067172	LJ3 LJ2 QX2	22.48	136368543.66	2.58	35143.18	11.8	4152.79	推断
	Z17	1349372	PG9 PG12	5.86	7905092.22	2.55	2017.28	7.9	159.15	潜在
	Z18	12685336	PG12 PG10 LJ2	9.92	125827873.74	2.54	31956.72	9.8	3142.15	潜在
	Z19	1770386	PG8 PG9	14.96	26485601.77	2.52	5631.34	9.8	652.27	潜在
	Z20	7424311	PG8 QX2	21.94	162856794.64	2.59	39140.15	10.4	4384.03	潜在
	Z21	24914285	QX2 LJ3	24.28	604988084.71	2.59	156517.27	12.4	19421.31	潜在
下矿层	X1	4093449	F2 MB1 MB2	13.71	56132861.90	2.68	15027.30	9.8	1475.15	推断
	X2	2272760	MB1 MB2 DW101	7.03	15983163.46	2.67	4262.80	11.0	470.58	推断
	X3	5479380	MB2 DW101 DW102	25.86	141674547.02	2.62	37178.33	12.2	4553.92	推断
	X4	4956806	MB2 F2 DW102	32.54	161276144.55	2.64	42531.54	11.5	4886.59	潜在
	X5	732322	MB1 F2 DW101	10.63	7786801.37	2.67	2079.90	7.4	153.41	潜在
	X6	2481348	DW101 DW102	31.54	78273847.83	2.61	20434.29	12.0	2443.98	潜在

表 6-22 各矿块资源量、潜在资源量计算表

矿块编号		资源量/10⁴t	资源类别
上矿块	上矿块Ⅰ	4948.13	潜在
	上矿块Ⅱ	303.27	潜在
	上矿块Ⅲ	110.84	潜在
中矿块	中矿块Ⅳ	8964.91	推断
		4233.43	潜在
	中矿块Ⅴ	1631.62	潜在
	中矿块Ⅵ	9011.62	推断
		27758.90	潜在
下矿块	下矿块Ⅶ	6499.66	推断
		7483.97	潜在

表 6-23 资源量和潜在资源量统计表

矿层	资源量（推断） KCl/10⁴t	潜在资源量 KCl/10⁴t
上矿层	—	5362.24
中矿层	17976.54	33623.96
下矿层	6499.66	7483.97
合计	24476.19	46470.17

表 6-24 矿体资源量、潜在资源量计算表

矿层	块段编号	投影面积/m²	工程编号	块段平均垂直厚度/m	块段体积/m³	块段平均体积质量/(t/m³)	矿石量/10⁸t	块段平均NaCl/%	NaCl资源量/10⁸t	资源量类别
上矿层	S1	25000000.00	HC1	16.51	412715156.55	2.43	10.04	73.01	7.33	潜在
	S2	885452.00	川宣地1	12.76	20196971.11	2.61	0.53	48.27	0.25	潜在
	S3	817861.00	PG101	7.75	6339020.04	2.64	0.17	66.09	0.11	潜在
中矿层	Z1	6978988	DW101 / DW1 / PG7	9.61	67081474.80	2.60	1.74	64.45	1.12	推断
	Z2	8140643	DW101 / PG7 / DW102	12.83	104431744.58	2.62	2.74	60.38	1.65	推断

续表

矿层	块段编号	投影面积/m²	工程编号	块段平均垂直厚度/m	块段体积/m³	块段平均体积质量/(t/m³)	矿石量/10⁸ t	块段平均NaCl/%	NaCl资源量/10⁸ t	资源量类别
中矿层	Z3	8464305	PG7 DW102 PG11 PG6	19.60	165913002.50	2.57	4.26	53.58	2.28	推断
	Z4	3115553	DW102 DW101	15.35	47813482.10	2.61	1.25	59.14	0.74	推断
	Z5	2647431	DW101 DW1	10.52	27856081.64	2.57	0.72	64.23	0.46	推断
	Z6	4196437	DW1 PG7	6.25	26224564.65	2.63	0.69	65.16	0.45	推断
	Z7	2883465	DW102 DW3 川宣地1	7.68	22144164.24	2.65	0.59	62.33	0.37	推断
	Z8	9439869	DW3 PG6	5.85	55184670.88	2.55	1.41	61.14	0.86	推断
	Z9	3081342	DW102 PG11 PG6 川宣地1 DW3	15.86	48868259.06	2.57	1.25	54.85	0.69	推断
	Z10	3196698	PG6 PG7	8.85	28281440.64	2.59	0.73	61.86	0.45	推断
	Z11	25000000	DW2	5.55	138828892.49	2.38	3.30	72.95	2.41	潜在
	Z12	3281346	PG9 PG12 PG10	5.28	17309599.59	2.52	0.44	60.25	0.26	推断
	Z13	3476450	PG8 PG9 PG10	11.34	39433920.33	2.51	0.99	53.98	0.53	推断
	Z14	4191727	PG8 LJ2 PG10	15.99	67013827.01	2.53	1.69	51.38	0.87	推断
	Z15	3251439	PG8 LJ2 QX2	20.91	67993047.35	2.58	1.75	50.92	0.89	推断

续表

矿层	块段编号	投影面积/m²	工程编号	块段平均垂直厚度/m	块段体积/m³	块段平均体积质量/(t/m³)	矿石量/10⁸t	块段平均NaCl/%	NaCl资源量/10⁸t	资源量类别
中矿层	Z16	6067172	LJ3 LJ2 QX2	22.48	136368543.66	2.58	3.51	45.05	1.58	推断
	Z17	1349372	PG9 PG12	5.86	7905092.22	2.55	0.20	60.99	0.12	推断
	Z18	12685336	PG12 PG10 LJ2	9.92	125827873.74	2.54	3.20	53.10	1.70	推断
	Z19	1770386	PG8 PG9	14.96	26485601.77	2.52	0.67	53.41	0.36	推断
	Z20	7424311	PG8 QX2	21.94	162856794.64	2.59	4.21	50.78	2.14	推断
	Z21	24914285	QX2 LJ3	24.28	604988084.71	2.59	15.65	42.65	6.67	推断
下矿层	X1	4093449	F2 MB1 MB2	13.71	56132861.90	2.68	1.50	53.16	0.80	推断
	X2	2272760	MB1 MB2 DW101	7.03	15983163.46	2.67	0.43	48.20	0.21	推断
	X3	5479380	MB2 DW101 DW102	25.86	141674547.02	2.62	3.72	43.29	1.61	推断
	X4	4956806	MB2 F2 DW102	32.54	161276144.55	2.64	4.25	46.38	1.97	推断
	X5	732322	MB1 F2 DW101	10.63	7786801.37	2.67	0.21	63.07	0.13	推断
	X6	2481348.15	DW101 DW102	31.54	78273847.83	2.61	2.04	44.47	0.91	推断

表 6-25　共生矿产（NaCl）资源量和潜在资源量统计表

矿层	资源量 NaCl/10^8 t	潜在资源量 NaCl/10^8 t
	推断	潜在
上矿层	—	7.70
中矿层	24.21	2.41
下矿层	5.63	—
合计	29.84	10.11

上矿层：NaCl 潜在矿产资源量共 $7.7×10^8$ t。

中矿层：NaCl 推断资源量 $2.421×10^9$ t。NaCl 潜在矿产资源量共 $2.41×10^8$ t。

下矿层：NaCl 资源量为 $5.63×10^8$ t，其中推断资源量 $5.63×10^8$ t。

工作区 NaCl 推断资源量共计 $2.984×10^9$ t，NaCl 潜在矿产资源量共 $1.011×10^9$ t。

第七节　宣汉海相亿吨级钾盐资源基地建设可行性评价

一、内部建设条件

评价区 KCl 推断资源量为 $2.447619×10^8$ t，潜在资源量为 $4.647017×10^8$ t。

评价区 NaCl 推断资源量共计 $2.984×10^9$ t，潜在资源量为 $1.011×10^9$ t。

矿石加工技术性能方面，杂卤石钾盐矿石中 NaCl 和杂卤石溶解性能好，卤水质量高，可直接用于制钾盐、钠盐及其他化工原料。

调查评价区内地下各含水层之间有泥岩、页岩、膏盐岩相隔，彼此之间不发生水力联系，且有固井套管、水泥环等阻隔，地下水各含水层对盐岩水溶法生产无影响。

大部分盐岩层顶底板为灰岩、白云岩、硬石膏，总体抗压抗剪强度低，稳定程度一般。

另外，盐岩溶解后，剩余残渣膨胀率低（0.16%～0.38%），适宜用水溶法开采，水不溶残渣颗粒以小于 2 mm 为主，沉降速度快，不易被卤水带出井外。

二、外部建设条件

调查评价区离县城和乡镇近，人口劳动力多。交通方便，有国家高速公路，国道、省道。区内供水水源丰富，有后河、中河、州河流经调查评价区，可供利用的水源充足。区内电力丰富，建设有 110 kV 变电站。

区内有柳池工业园区、普光工业园区，另宣汉县在普光镇正在建设深部钾锂资源开发综合园区，园区内引进企业可直接使用溶采卤水就地加工生产下游产品。

三、经济价值评价

矿区矿层埋藏深，矿石溶解性能好，卤水质量高，适宜用钻井水溶法开采。通过"新型杂卤石钾盐矿"的淡水静态溶矿小试（用时 129 天），获得工业品位 4 倍的富钾卤水；对接井淡水溶采中试获取成套溶矿建槽采卤技术经济参数，并利用溶矿中试采出的富钾卤水累计产出 25 t、品位达 98.37% 的工业氯化钾（KCl）产品，对接井溶采提钾中试成效良好，表明此类"新型杂卤石钾盐矿"有望得到工业化开发利用。

矿区估算富矿区块"新型杂卤石钾盐矿"推断氯化钾（KCl）资源量 2.45×10^8 t，潜在氯化钾（KCl）资源量达 4.65×10^8 t，合计 7.1×10^8 t，近十年来 KCl 的市场价格波动较大，近年来价格则在 2000 元/t 左右。故评价区钾盐潜在经济价值为：7.1×10^8 t×2000 元/t=1.42 万亿元。若以回收率 25% 计，预计可形成 3550 亿元经济价值。这里暂时给出一个初步的经济价值估算结果，随着后续可行性研究的深入推进，将得到更加可靠的经济性评价。

第七章　创新理论技术应用的成果效益与经验启示

第一节　成 果 效 益

（1）创新理论技术引领海相钾盐找矿勘查，实现了我国海相可溶性固体钾盐找矿的重大发现和突破，开拓了海相钾盐找矿新方向和新领域。

（2）支撑服务国家钾锂盐重大战略需求，开辟了我国首个海相钾盐找矿空间，查明"新型杂卤石钾盐矿"分布面积达 368 km^2，圈定钾盐矿体富矿区块面积 179 km^2，初步估算富矿区块"新型杂卤石钾盐矿"推断氯化钾（KCl）资源量 2.45×10^8 t，潜在氯化钾（KCl）资源量达 4.65×10^8 t，合计 7.1×10^8 t，落实发现了我国首个亿吨级海相可溶性固体钾盐矿，奠定了川东北达州市宣汉地区形成中国首个大型海相钾盐基地的资源基础，实现了我国亿吨级海相可溶性固体钾盐矿从 0 到 1 的跨越。

（3）服务地方经济发展，地调引领，地方政府和大型企业积极跟进，新增 3 宗钾盐矿权成功拍卖，推动四川达州普光经济开发区-锂钾综合开发产业园（"普光锂钾产业园"）成为四川省"重中之重"项目，助力宣汉国家级贫困县精准脱贫后的可持续发展。

第二节　经 验 启 示

一是地质调查支撑是实现找矿突破的前提。长期以来，针对四川盆地海相钾盐资源，中国地质调查局钾盐科研团队系统开展了钾盐资源调查评价工作，同时优选川东北地区开展钻探验证，实现了川宣地 1 井的找矿突破，为该区亿吨级大型海相钾盐资源基地的形成奠定了良好基础。

二是科技创新引领是实现找矿突破的关键。中国地质调查局海相钾盐科研团队创新提出川东北"双控复合"海相钾盐成矿理论新认识，并通过"气钾兼探"开展了大量的勘查实践，建立了卓有成效的测井综合识别预测新方法技术，取得了突出的海相钾盐勘查成果，为实现四川盆地海相钾盐找矿取得重大发现和突破提供了理论和技术支撑。

三是新一轮找矿突破战略行动新机制是实现突破的保障。"政府主导、公益先行、商业跟进、科技引领、快速突破"的找矿行动新机制，充分发挥了我国集中力量办大事的体制优势，围绕国家对大宗紧缺战略性"粮食矿产"的重大需求，形成了央-地-企合作协调联动、产学研用联合攻关的工作模式，实现了四川盆地海相可溶性固体钾盐找矿的重大发现与突破，引领了商业勘探开发快速跟进。

主要参考文献

陈安清, 王立成, 姬广建, 等, 2015. 川东北早-中三叠世聚盐环境及海水浓缩成钾模式. 岩石学报, 31(9): 2757-2769.

陈莉琼, 沈昭国, 侯方浩, 等, 2010. 四川盆地三叠纪蒸发岩盆地形成环境及白云岩储层. 石油实验地质, 32(4): 334-340.

樊启顺, 马海州, 谭红兵, 等, 2009. 柴达木盆地西部油田卤水的硫同位素地球化学特征. 矿物岩石地球化学通报, 28(2): 137-142.

福尔 G, 鲍威尔 J L, 1975. 锶同位素地质学. 北京：科学出版社.

格里年科, 1980. 硫同位素地球化学. 北京：科学出版社.

何登发, 李德生, 张国伟, 等, 2011. 四川多旋回叠合盆地的形成与演化. 地质科学, 46(3): 589-606.

胡作维, 黄思静, Qing H R, 等, 2008. 四川东部华蓥山海相三叠系锶同位素组成演化及其与全球对比. 中国科学 D 辑: 地球科学, 38(2): 157-166.

黄建国, 刘世万, 1989. 四川盆地三叠纪蒸发岩地层硫同位素的分布. 沉积学报, 7(2): 105-110.

黄思静, 裴昌蓉, 卿海若, 等, 2006. 四川盆地东部海相下-中三叠统界线的锶同位素年龄标定. 地质学报, 80(11): 1691-1698.

金锋, 1989. 国外杂卤石资源开发利用对我国的启示. 化工矿山技术, 18(3): 31-34.

乐光禹, 1996. 构造复合联合原理：川黔构造组合叠加分析. 成都: 成都科技大学出版社.

李任伟, 辛茂安, 1989. 东濮盆地蒸发岩的成因. 沉积学报, 7(4): 141-147.

林耀庭, 1994. 论四川盆地海相三叠系含钾性及找钾方向. 四川地质学报, (2): 11.

林耀庭, 2003. 四川盆地三叠纪海相沉积石膏和卤水的硫同位素研究. 盐湖研究, 11(2): 1-7.

林耀庭, 陈绍兰, 2008. 论四川盆下、中三叠统蒸发岩的生成模式、成盐机理及找钾展望. 盐湖研究, 16(3): 1-10.

林耀庭, 高立民, 宋鹤彬, 1998. 四川盆地海相三叠系硫同位素组成及其地质意义. 地质地球化学, 26(4): 43-49.

林耀庭, 何金权, 王田丁, 等, 2002. 四川盆地中三叠统成都盐盆富钾卤水地球化学特征及其勘查开发前景研究. 化工矿产地质, 24(2): 72-84.

刘德良, 宋岩, 薛爱民, 等, 2000. 四川盆地构造与天然气聚集区带综合研究. 北京: 石油工业出版社.

刘树根, 王一刚, 孙玮, 等, 2016. 拉张槽对四川盆地海相油气分布的控制作用. 成都理工大学学报(自然科学版), 43(1): 1-23.

刘树根, 邓宾, 孙玮, 等, 2020. 四川盆地是"超级"的含油气盆地吗?. 西华大学学报(自然科学版), 39(5):

20-35.

马永生, 陈洪德, 王国力, 2009. 中国南方层序地层与古地理. 北京: 科学出版社.

钱自强, 曲懿华, 刘群, 1994. 钾盐矿床. 北京: 地质出版社.

商雯君, 马黎春, 汤庆峰, 等, 2016. 蒸发岩矿床物源研究的地球化学指标. 盐业与化工, 45(6): 1-8.

商雯君, 张永生, 邢恩袁, 等, 2021. 川东北普光地区新型杂卤石钾盐矿的物源: Sr、S 同位素证据. 地质学报, 95(2): 506-516.

沈立建, 刘成林, 2018. 显生宙全球海水化学成分演化及其对蒸发岩沉积的约束. 岩石学报, 34(6): 1819-1834.

四川省地质局一〇七地质队, 1980. 涪陵幅区域地质调查报告（达县幅 垫江幅 涪陵幅）地质部分.

唐大卿, 汪立君, 曾韬, 等, 2008. 川东北宣汉-达县地区构造演化及其对油气藏的改造作用. 现代地质, 2(22): 230-238.

王淑丽, 郑绵平, 2014. 川东盆地长寿地区三叠系杂卤石的发现及其成因研究. 矿床地质, 33(5): 1045-1059.

颜佳新, 伍明, 2006. 显生宙海水成分、碳酸盐沉积和生物演化系统研究进展. 地质科技情报, 25(3):1-7.

颜茂都, 张大文, 2014. 中国主要陆块特定时段的漂移演化历史及其对海相钾盐成矿作用的制约. 矿床地质, 33(5): 19.

殷鸿福, 宋海军, 2013. 古、中生代之交生物大灭绝与泛大陆聚合. 中国科学: 地球科学, 43(10): 1539-1552.

张雄, 朱正杰, 崔志伟, 等, 2022. 四川盆地东部垫江盐盆早三叠世嘉陵江组四段杂卤石成因及对成钾的指示. 地球科学, 47(1): 27-35.

张永生, 郑绵平, 邢恩袁, 等, 2021. 川宣地 1 井发现厚层海相可溶性"新型杂卤石钾盐"工业矿层. 中国地质, 48(1): 343-344.

张永生, 邢恩袁, 郑绵平, 等, 2024. 川东北宣汉地区海相"新型杂卤石钾盐矿"的发现、突破与前景. 地质学报, 98(10): 2823-2846.

张岳桥, 董树文, 李建华, 等, 2011. 中生代多向挤压构造作用与四川盆地的形成和改造. 中国地质, 38(2): 233-249.

赵德钧, 韩蔚田, 蔡克勤, 等, 1987. 大汶口凹陷下第三系含盐段杂卤石的成因及其找钾意义. 地球科学, 12(4): 349-356.

郑绵平, 闵霖生, 刘文高, 等, 1989. 西藏北部盐类资源评价及开发利用初步意见（1963）. 中国地质科学院矿床地质研究所文集（18）.

郑绵平, 袁鹤然, 张永生, 等, 2010. 中国钾盐区域分布与找钾远景. 地质学报, 84(11): 1523-1553.

郑绵平, 侯献华, 于常青, 等, 2015. 成盐理论引领我国找钾取得重要进展. 地球学报, 36(2): 129-139.

郑绵平, 张永生, 商雯君, 等, 2018. 川东北普光地区发现新型杂卤石钾盐矿. 中国地质, 45(5): 1074-1075.

郑永飞, 陈江峰, 2000. 稳定同位素地球化学. 北京: 科学出版社.

周路, 李飞, 何登发, 等, 2013. 四川盆地北部地区三叠系构造及其演化特征分析. 地质科学, 48(1): 71-92.

朱光有, 张水昌, 梁英波, 等, 2006. 四川盆地 H_2S 的硫同位素组成及其成因探讨. 地球化学, 35(4):

432-442.

Borchert H, Muir R O, 1964. Salt deposits: the origin, metamorphism and deformation of evaporites. London: Van Nostrand.

Carter N L, Anderson D A, Hansen F D, et al., 1981. Creep and creep rupture of granitic rocks//Carter N L, Friedman M, Logan J M, et al. Mechanical Behaviour of Crustal Rocks: The Handin Volume. Washington, DC: American Geophysical Union.

Chen J S, Chu X L, 1988. Sulfur isotope composition of Triassic marine sulfates of South China. Chemical Geology, 72(2): 155-161.

Claypool G E, Holser W T, Kaplan I R, et al., 1980. The age curves for sulfur and oxygen isotopes in marine sulfate and their mutual interpretation. Chemical Geology, 28: 199-260.

Cortecci G, Reyes E, Berti G, et al., 1981. Sulfur and oxygen isotopes in Italian marine sulfates of Permian and Triassic ages. Chemical Geology, 34: 65-79.

Gavrieli I, Yechieli Y, Halicz L, et al., 2001. The sulfur system in anoxic subsurface brines and its implication in brine evolutionary pathways: the Ca-chloride brines in the Dead Sea area. Earth and Planetary Science Letters, 186(2): 199-213.

Harwood G M, Coleman M L, 1983. Isotopic evidence for UK Upper Permian mineralization by bacterial reduction of evaporites. Nature, 301(5901): 597-599.

Horacek M, Brandner R, Richoz S, et al., 2010. Lower Triassic sulphur isotope curve of marine sulphates from the Dolomites, N-Italy. Palaeogeography, Palaeoclimatology, Palaeoecology, 290: 65-70.

Horita J, Zimmermann H, Holland H D, 2002. Chemical evolution of seawater during the Phanenozoic, implications from the record of marine evaporates. Geochimica et Cosmochimica Acta, 66: 3733-3756.

Kaplan I R, Rittenberg S C, 1964. Microbiological fractionation of sulfur isotopes. Journal of General Microbiology, 34(2): 95-212.

Korte C, Kozur H W, Bruckschen P, et al., 2003. Strontium isotope evolution of Late Permian and Triassic seawater. Geochimica et Cosmochimica Acta, 67: 47-62.

Lowenstein T K, Timofeeff M N, Brennan S T, et al., 2001. Oscillations in Phanerozoic seawater chemistry: evidence from fluid inclusions. Science, 294: 1086-1088.

Martin E E, Macdougall J D, 1995. Sr and Nd isotopes at the Permian/Triassic boundary: a record of climate change. Chemical Geology, 125: 73-99.

Meng Q R, Zhang G W, 1999. Timing of collision of the North and South China blocks: controversy and reconciliation. Geology, 27(2): 123-126.

Orris G J, Cocker M D, Dunlap P, et al., 2014. Potash—A Global Overview of Evaporite-Related Potash Resources, Including Spatial Databases of Deposits, Occurrences, and Permissive Tract. Mammalian Genome: Official Journal of the International Mammalian Genome Society.

Putnis A, Winkler B, Fernadez D L, 1990. In situ IR spectroscopic and thermogravimetric study of the dehydration of gypsum. Mineralogical Magazine, 54: 123-128.

Roedder E, 1984. The fluids in salt. American Mineralogist, 69: 413-439.

Ross J V, Bauer S J, 1992. Semi-brittle deformation of anhydrite-halite shear zones simulating mylonite formation. Tectonophysics, 213: 303-320.

Ross J V, Bauer S J, Carter N L, 1983. Effect of the a-b transition on the creep properties of quartzite and granite. Geophysical Research Letters, 10(12): 1129-1132.

Ross J V, Bauer S J, Hansen F D, 1987. Textural evolution of synthetic anhydrite-halite mylonites. Tectonophysics, 140: 307-326.

Sandberg P A, 1983. An oscillating trend in Phanerozoic Nonskeletal carbonate mineralogy. Nature, 305: 19-22.

Sedlacek A R C, Saltzman M R, Algeo T J, et al., 2014. $^{87}Sr/^{86}Sr$ stratigraphy from the Early Triassic of Zal, Iran: linking temperature to weathering rates and the tempo of ecosystem recovery. Geology, 42(9): 779-782.

Song H J, Paul B W, Tong J N, et al., 2015. Integrated Sr isotope variations and global environmental changes through the Late Permian to early Late Triassic. Earth and Planetary Science Letters, 424: 140-147.

Song H Y, Tong J N, Song H J, et al., 2010. Excursion of sulfur isotope compositions in the Lower Triassic of South Guizhou, China. Journal of Earth Science, 21(S1):158-160.

Stanley S M, Hardie L A, 1998. Secular oscillations in the carbonate mineralogy of reef-building and sediment-producing organisms driven by tectonically forced shifts in seawater chemistry. Palaeogeography, Palaeoclimatology, Palaeoecology, 144: 3-19.

Thode H G, 1964. Stable isotopes—a key to our understanding of natural processes. Bulletin of Canadian Petroleum Geology, 12: 242-262.

Torsvik T H, Smethurst M A, 1999. Plate tectonic modeling: virtual reality with GMAP. Computers & Geosciences, 25(4): 395-402.

Twitchett R, 2007. Climate change across the Permian/Triassic boundary//The Micropalaeontological Society. Deep-time perspectives on climate change: marrying the signal from computer models and biological proxies. London: The Geological Society.

USGS, 2012. Mineral Commodity Summaries 2012. Reston, VA: U.S. Geological Survey.

USGS, 2025. Mineral Commodity Summaries, January 2025. Reston, VA: U.S. Geological Survey.

Warren J, 2010. Evaporites across deep time: tectonic, climatic and rustatic controls in marine and nonmarine deposits. GEO 2010, Mar 2010, cp-248-00294.

Zhao X, Coe R, 1987. Palaeomagnetic constrains on the collision and rotation of North and South China. Nature, 327(6118): 141-144.